瀬戸内海の海底環境

柳 哲雄 編著

恒星社厚生閣

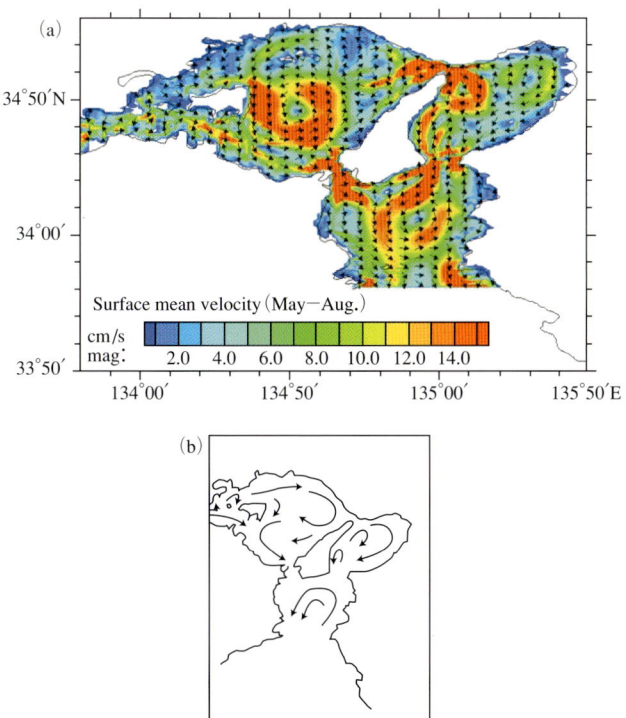

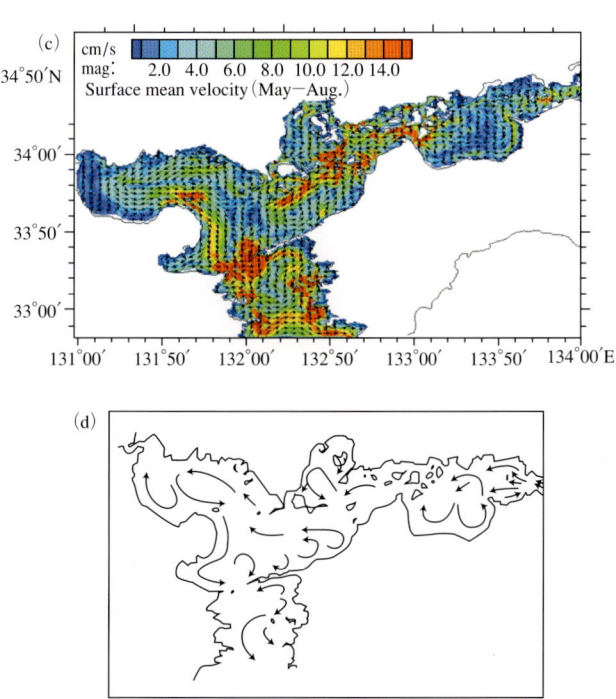

図4.4 瀬戸内海東部（a）と西部（c）の計算された年間平均表層残差流（潮汐残差流＋密度流）と観測された東部（b）と西部（d）の表層残差流（柳・樋口, 1979）.

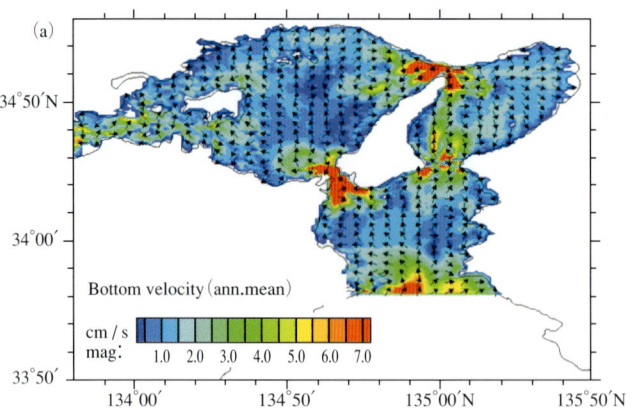

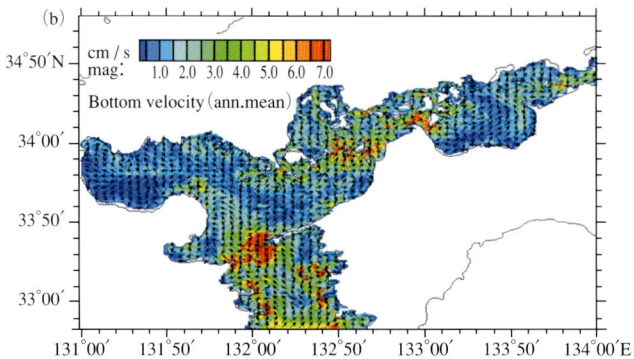

図4.5 瀬戸内海東部（a）と西部（b）の計算された年間平均底層残差流（潮汐残差流＋密度流）．

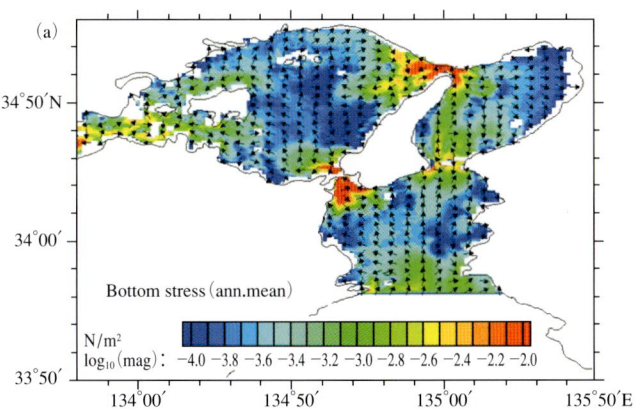

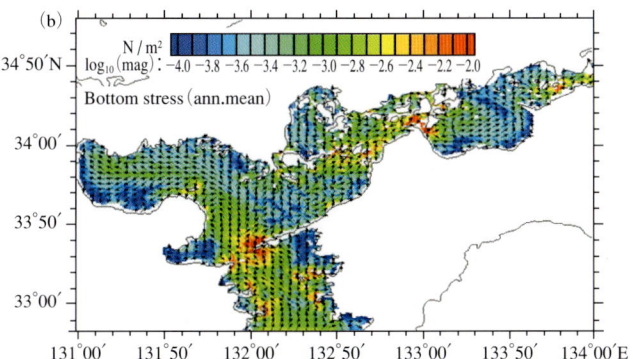

図4.6 瀬戸内海東部（a）と西部（b）の潮汐周期平均海底面剪断応力.

図4.8(a)

図4.8(b)

図4.8(c)

図4.8(d)

図4.8(e)

図4.8(f)

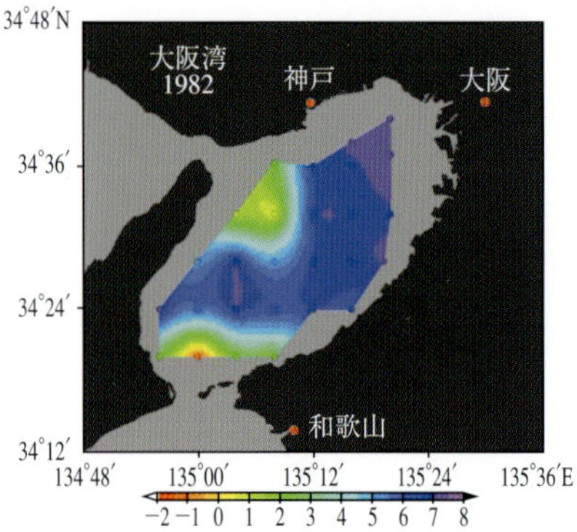

図4.8 大阪湾における表層底泥の1982年の中央粒径（a），歪度（b），淘汰度（c）と2003年の中央粒径（d），歪度（e），淘汰度（f）.

図4.9(a)

図4.9(b)

図4.9(c)

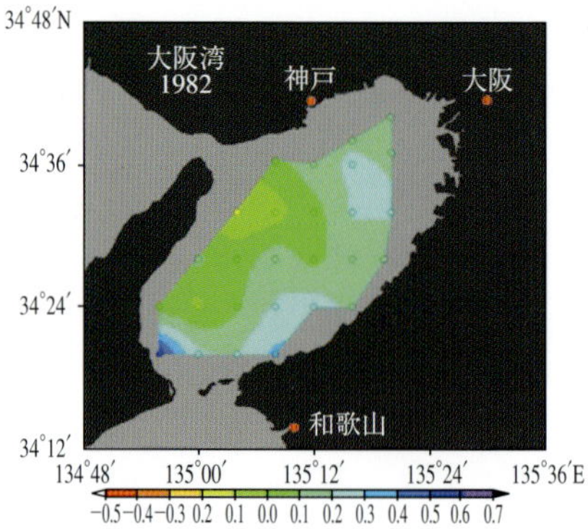

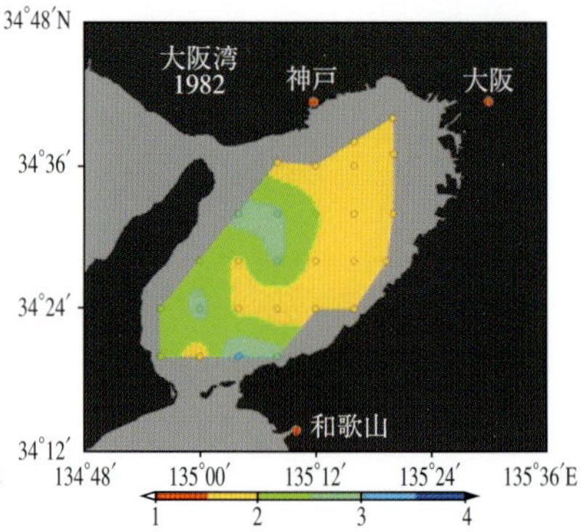

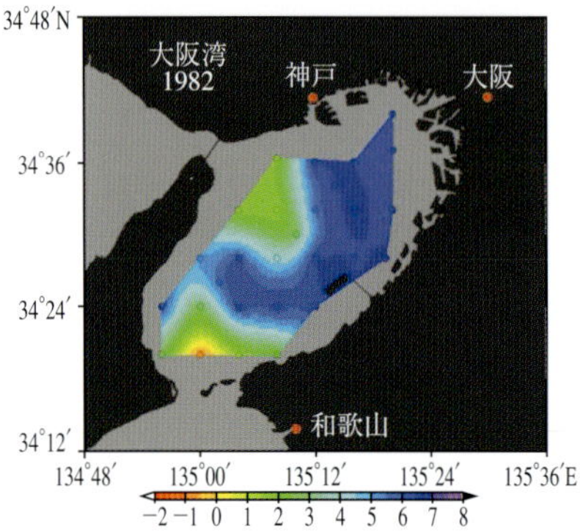

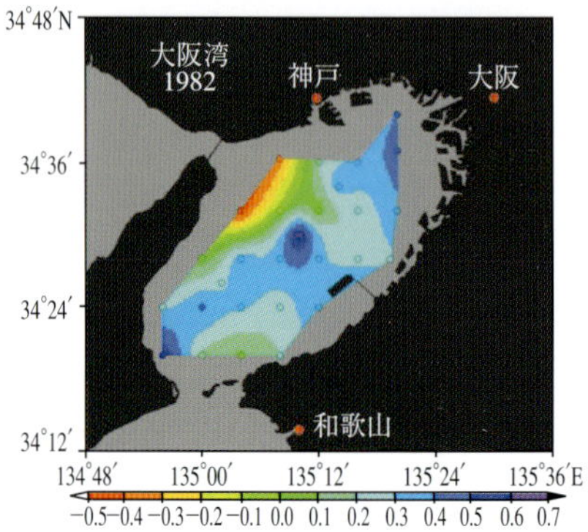

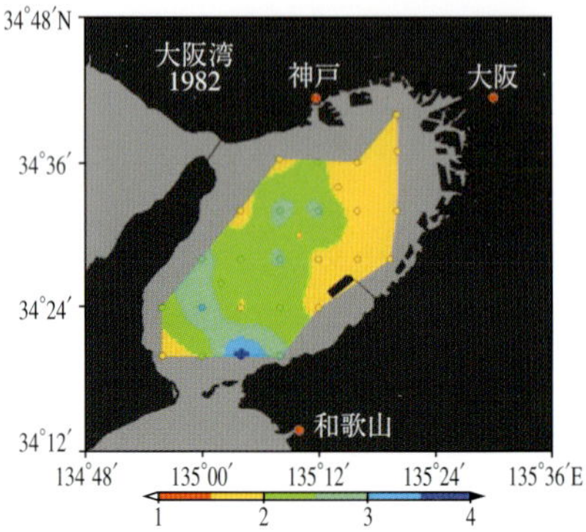

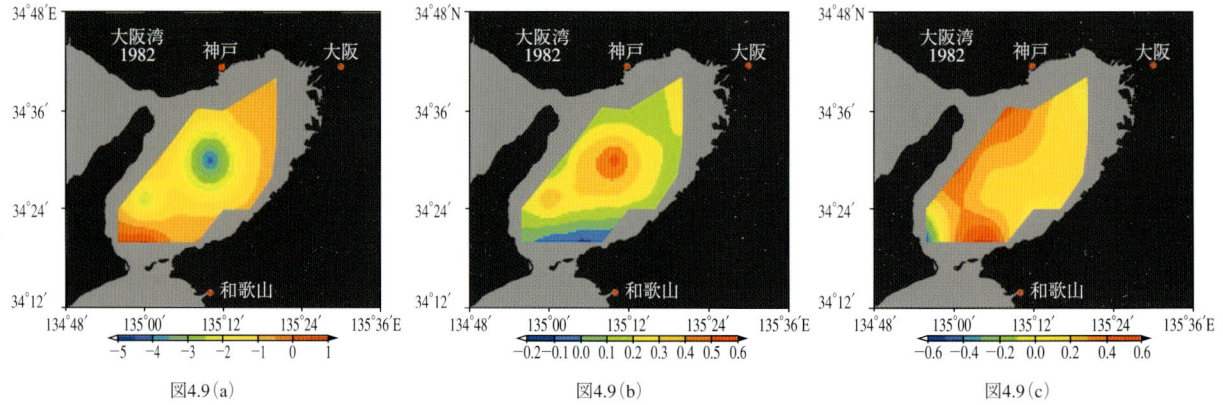

図4.9 大阪湾における1982年と2003年の中央粒径（a），歪度（b），淘汰度（c）の差.

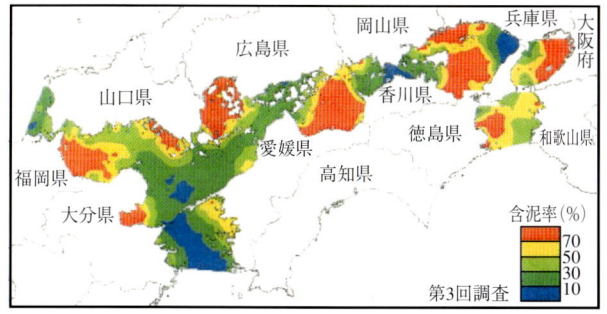

図5.1（a） 含泥率の水平分布（第3回調査）

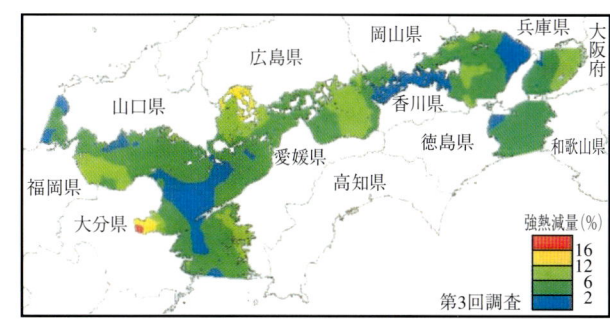

図5.1（b） IL の水平分布（第3回調査）

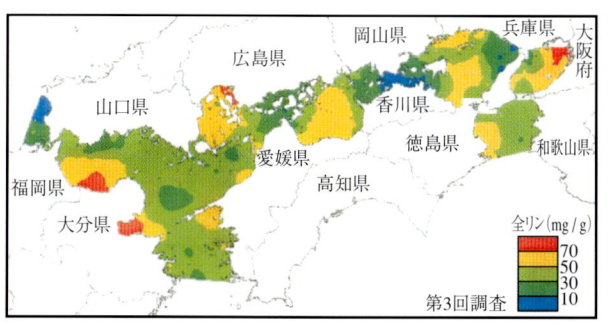

図5.1（c） T-P の水平分布（第3回調査）

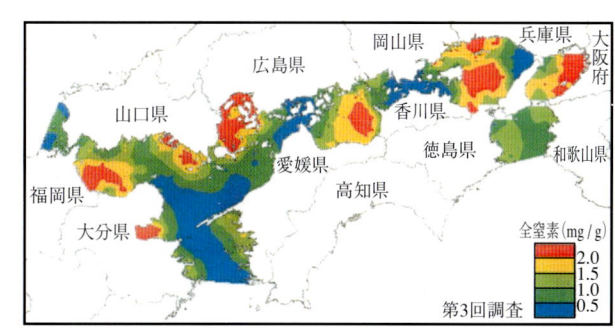

図5.1（d） T-N の水平分布（第3回調査）

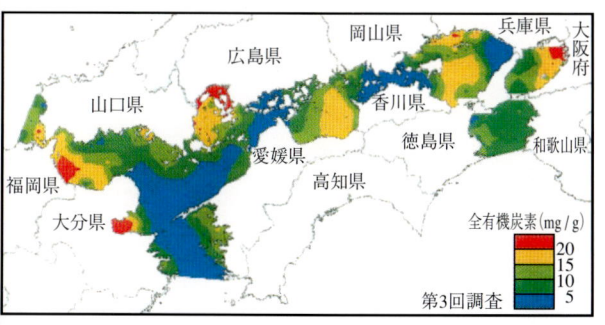

図5.1（e） TOC の水平分布（第3回調査）

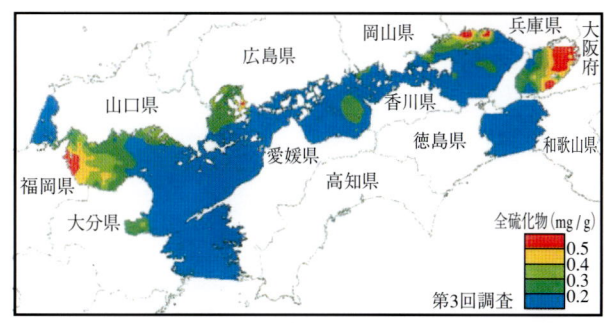

5.1（f） T-S の水平分布（第3回調査）

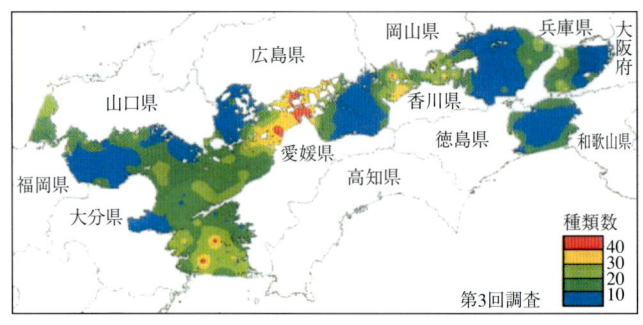

図5.2（a） マクロベントス総出現種類数の水平分布（第3回調査）

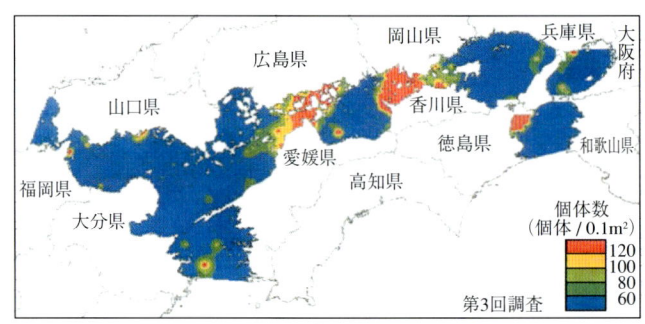

図5.2（b） マクロベントス平均個体数の水平分布（第3回調査）

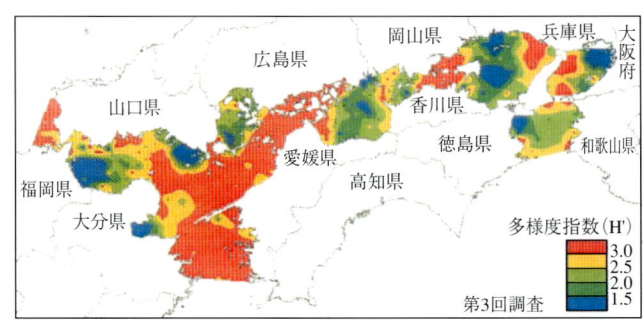

図5.2（c） 多様度指数（H'）の水平分布（第3回調査）

執筆者一覧（五十音順）

※は編者

石井大輔　　　九州大学応用力学研究所技術職員
井内美郎　　　早稲田大学人間科学学術院人間科学部人間環境科学科教授
駒井幸雄　　　大阪工業大学工学部環境工学科教授
高橋　暁　　　独立行政法人産業技術総合研究所地質情報研究部門
　　　　　　　沿岸海洋研究グループ
多田邦尚　　　香川大学農学部応用生物科学科教授
藤原建紀　　　京都大学大学院農学研究科応用生物科学専攻海洋生物環境学分野教授
星加　章　　　独立行政法人産業技術総合研究所地質情報研究部門
　　　　　　　沿岸海洋研究グループ
※柳　哲雄　　　九州大学応用力学研究所力学シミュレーション研究センター教授
山本民次　　　広島大学大学院生物圏科学研究科環境循環系制御学専攻教授

目　次

第1章　はじめに……………………………………………………………(柳　哲雄)…………1
　1.1　本書の構成……………………………………………………………………………………1

第2章　瀬戸内海の成立と海底地形………………………………………(井内美郎)…………5
　2.1　はじめに………………………………………………………………………………………5
　2.2　陸であった瀬戸内海…………………………………………………………………………5
　2.3　海水面変動史…………………………………………………………………………………5
　2.4　瀬戸内海が海になる前の地形………………………………………………………………6
　2.5　海域の拡大……………………………………………………………………………………9
　2.6　海底地形の分布………………………………………………………………………………10
　2.7　底質と環境……………………………………………………………………………………14
　2.8　まとめ…………………………………………………………………………………………15

第3章　瀬戸内海の堆積速度と堆積物の重金属濃度……………………(星加　章)…………17
　3.1　はじめに………………………………………………………………………………………17
　3.2　堆積速度の測定………………………………………………………………………………18
　3.3　瀬戸内海の堆積速度…………………………………………………………………………19
　　　3.3.1　大阪湾(20)　3.3.2　大阪湾奥部の大規模埋め立てや構造物で囲まれた水域の
　　　堆積(22)　3.3.3　燧灘(23)　3.3.4　広島湾(24)
　3.4　重金属汚染について…………………………………………………………………………26
　　　3.4.1　水平分布の傾向(26)　3.4.2　重金属汚染の変遷(28)　3.4.3　重金属元素の
　　　収支(29)　3.4.4　窒素とリンの収支(31)

第4章　瀬戸内海の底泥輸送………………………………………………(柳　哲雄)…………33
　4.1　瀬戸内海全域の底泥輸送……………………………………………………………………33
　　　4.1.1　はじめに(33)　4.1.2　使用データ(33)　4.1.3　解析方法(35)
　　　4.1.4　結果(36)　4.1.5　潮流と残差流に関する数値モデル(37)
　　　4.1.6　潮汐周期平均海底剪断応力(37)　4.1.7　おわりに(38)
　4.2　大阪湾の底泥輸送変化………………………………………………………………………38
　　　4.2.1　はじめに(38)　4.2.2　表層底泥調査(38)　4.2.3　結果と議論(39)
　　　4.2.4　おわりに(41)

第5章　瀬戸内海の底質・ベントスの変化………………………………(駒井幸雄)…………43
　5.1　はじめに………………………………………………………………………………………43
　5.2　調査方法………………………………………………………………………………………43
　5.3　結果と考察……………………………………………………………………………………44
　　　5.3.1　底質の現況(45)　5.3.2　含泥率と各項目間の関係(46)　5.3.3　第1回,

第2回，および第3回調査における底質の変化(46)　5.3.4　マクロベントス(48)
　　　5.3.5　瀬戸内海への汚濁負荷とその変化(50)　5.3.6　瀬戸内海の底質環境(53)
　　　5.3.7　底質環境の変化と汚濁負荷削減対策(59)

第6章　瀬戸内海底泥からのリン・窒素の溶出 ……………………………(山本民次) ………61
　6.1　底泥からのリン・窒素の溶出過程に関わるプロセス ……………………………… 61
　6.2　底泥からのリン・窒素溶出速度の見積もり方法 …………………………………… 63
　　　6.2.1　濃度勾配から見積もる方法(63)　6.2.2　実測法(64)
　6.3　生物による影響 ……………………………………………………………………… 67
　6.4　瀬戸内海底泥からのリン・窒素の溶出 ……………………………………………… 68
　6.5　底泥からのリン・窒素の溶出量と陸域負荷量との比較 …………………………… 71
　6.6　今後の課題 …………………………………………………………………………… 72

第7章　瀬戸内海の貧酸素水塊 ……………………………………(柳　哲雄・石井大輔) ………77
　7.1　はじめに ……………………………………………………………………………… 77
　7.2　瀬戸内海全域における底層の溶存酸素濃度の経年変動と空間変動 ……………… 77
　7.3　大阪湾・播磨灘・燧灘・広島湾・周防灘における底層溶存酸素濃度の長期変化傾向 …81
　7.4　大阪湾・播磨灘・燧灘・広島湾・周防灘における底層の溶存酸素濃度の経年変動 ……85
　7.5　おわりに ……………………………………………………………………………… 87

第8章　海砂問題 ……………………………………………………………………………… 89
　8.1　海砂採取の歴史・現状・今後 ……………………………………(井内美郎) ……… 89
　　　8.1.1　はじめに(89)　8.1.2　海底骨材資源採取(89)　8.1.3　海砂採取は何を取り
　　　巻く問題であったのか(89)　8.1.4　砂堆の成因(91)　8.1.5　海砂採取の問題点(91)
　　　8.1.6　採取後跡地の変化(92)　8.1.7　まとめ(94)
　8.2　海砂採取時の濁水の挙動 ……………………………………(多田邦尚) ……… 95
　　　8.2.1　海砂採取が環境に及ぼす影響の調査・研究(95)　8.2.2　海砂採取船から排出
　　　される高濁度水中の粒子含有量とサイズ(95)　8.2.3　海砂採取船から排出される高濁
　　　度水中の微粒子の沈降速度(96)　8.2.4　海砂採取船から排出される高濁度水中の粒子
　　　の拡散(98)　8.2.5　海砂採取船から排出される高濁度水中の粒子の化学組成(100)
　　　8.2.6　海砂採取による高濁度水の環境への影響(102)　8.2.7　おわりに(104)
　8.3　海砂採取の藻場への影響 ……………………………………(高橋　暁) ………105
　　　8.3.1　はじめに(105)　8.3.2　海砂採取量と透明度の変遷(105)
　　　8.3.3　藻場調査(108)　8.3.4　濁り拡散実験(111)　8.3.5　考察(117)
　8.4　海砂とイカナゴ ……………………………………………(藤原建紀) ………121
　　　8.4.1　はじめに(121)　8.4.2　イカナゴについて(121)　8.4.3　海砂採取(122)
　　　8.4.4　イカナゴ発生尾数の長期変動(123)　8.4.5　まとめ(125)

第9章　おわりに ……………………………………………………(柳　哲雄) ………127
　　索引 ……………………………………………………………………………………129

第1章　はじめに

1.1　本書の構成

　瀬戸内海では1960年代からの高度経済成長期に，コンクリート用骨材・埋め立て・地盤改良などの用途に，6億m^3を超える大量の海砂が採取され（図1.1），海底・底質・水質環境が著しく悪化した．

　例えば，海底地形の変化により流況が変化し，ナメクジウオ・イカナゴなど砂地に生息する海洋生物の現存量は激減し，海砂採取に伴い発生する濁りによって海水中の光の届く深さが減少し，濁りが海草・海藻の表面に付着して光合成を阻害して，アマモ・ガラモなどの藻場面積が減少した．

　このような海砂採取による海域環境悪化を食い止めるべきであるという世論の高まりによって，1998年2月の広島県を皮切りにして，2006年4月の愛媛県を最後に，瀬戸内海の全海域で海砂の採取が禁止された（図1.2）．

　しかし，海砂採取によって悪化した海底・底質・水質環境を修復し，豊かな瀬戸内海を取り戻すには，どのような対策・方法が最も適当なのかは，明らかにされてはいない．

　その原因の1つは，海砂を含む瀬戸内海の海底環境の特性が明らかにされていないことにある．すなわち，海砂を含む瀬戸内海の底泥はどこから供給され，どのように移動し，どのように変質し，水質にどのような影響を与えるのか，最近までほとんど明らかにされていなかった．

　本書は，瀬戸内海の海底環境に関する最新の研究成果を含む様々な知見を総合的にまとめて，今後の瀬戸内海環境修復の指針を与えようとするものである．

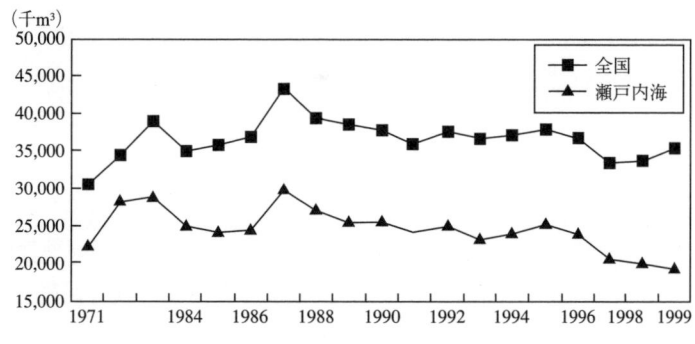

図1.1　海砂採取の歴史（せとうちネットより）

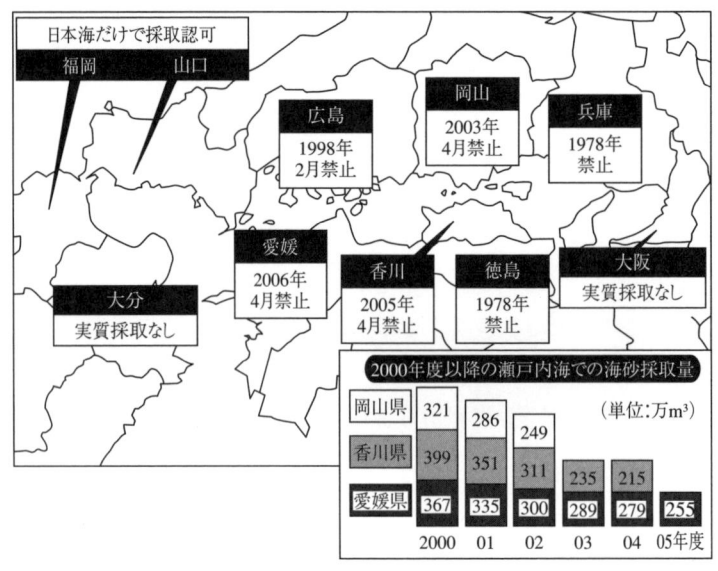

図1.2　海砂採取禁止の流れ（中国新聞HPより）

まず2章では，現在の瀬戸内海がいつ頃，どのようにして成立し，その結果，どのような海底地形が形成されたのか，それが現在までどのように変遷してきたのか，などについて述べる．

このようにして形成された瀬戸内海の海底には，上に乗っている海水中から様々な物質が沈降してきて，その沈降物質が底泥の特性である底質を決定する．

3章では，瀬戸内海の底泥の堆積速度と底質中の重金属濃度に関する知見をまとめ，瀬戸内海全域の堆積物・重金属収支を明らかにする．

瀬戸内海の底泥はその場にとどまり続けているわけではない．

4章では，瀬戸内海全域の底泥がどのように輸送されているかを述べ，大阪湾を例に，沿岸地形の変更に伴う，海底直上の流動変化によって，底泥輸送経路がどのように変化したかについて述べる．

底質と底泥中に生息するベントスは，水質の変化に応じて変化する．

5章では，環境省による瀬戸内海におけるここ30年あまりの底質・ベントス調査結果を整理して，底質とベントスの変化，およびそれらの水質変化との関連についてまとめる．

底質は水質の影響を受けるばかりでなく，逆に水質に影響を与える．

6章では，瀬戸内海の底質から海水中に溶出するリンや窒素の溶出特性に関するまとめを行う．

このようなリン・窒素の溶出は海底直上水の溶存酸素濃度と密接な関係がある．成層が発達する夏季に，上層からの酸素供給速度より底層水・底泥中における酸素消費速度が大きくなれば，底層海水中の溶存酸素濃度が低下し，貧酸素水塊が発生する．貧酸素水塊は底層・底泥中に生息する海洋生物に深刻な影響を与えると同時に，リン・窒素の溶出量を増大させる．

7章では，このような貧酸素水塊に関する瀬戸内海全域の分布特性・経年変動特性をまとめ

1.1 本書の構成

る.

　8章では，海砂採取の歴史・現状・今後の見通しを述べるとともに，備讃瀬戸における海砂採取に伴う濁水の挙動，備後灘における海砂採取の藻場に対する影響の事例研究を紹介し，備讃瀬戸と播磨灘における海砂とイカナゴの生息の関連に関する事例研究を紹介する.

　最後に9章では，以上の知見に基づいて，瀬戸内海の海底を含む，底質・水質環境修復はどのように進められるべきかを提言する.

　本書の元となった共同研究は，平成14年度 日本生命財団助成金による「瀬戸内海の底質移動シミュレーション」（研究代表者：岡市友利 香川大学名誉教授）である．この共同研究の成果を受けて，平成19年度 日本生命財団環境問題研究成果発表助成「瀬戸内海の海底環境」（代表者：柳　哲雄）が交付されたことにより，本書の出版が可能になった．

　関係各位に厚くお礼申し上げる．

第2章　瀬戸内海の成立と海底地形

2.1　はじめに

　瀬戸内海は本州・四国・九州に囲まれた東西約450 km，南北約15～55 km，面積約23,203 km^{2}の閉鎖性海域で，容積約8,815億m^3，平均水深約38.0 mの浅い海域である[1]．周辺には11の府県があり，集水域の人口は約3千万人である．瀬戸内海は生産性が高く，水産業が活発で，すぐれた景観も多く，周辺住民の水質に対する関心も非常に高く，瀬戸内海の環境価値は454兆円という試算結果もある[2]．この海域における環境問題を論じる前提として，瀬戸内海の自然条件の形成にまつわる歴史について紹介する．

2.2　陸であった瀬戸内海

　瀬戸内海の海底から古代のナウマンゾウやシカ，ときにはスイギュウ・サイ・ワニの化石が採取されることは，研究の世界では広く知られた事実である[3, 4]．陸上に棲んでいたゾウなどの動物の化石がなぜ海底から出てくるのか．ここに瀬戸内海の歴史を論じる際の重要な鍵がある．よく瀬戸内海沿岸に棲息するカブトガニの属する剣尾類が古生代からの生物であることをもって，瀬戸内海の歴史が古生代カンブリア紀にまで遡るかのような議論があるが，そうではない．地球の歴史46億年のうちごく新しい時代，約2万年前には瀬戸内海は存在していなかった．当時の海水面は現在よりも約125 m低い位置にあり[5]，瀬戸内海に海が入る直前の地形をもとに考えるならば，当時の海岸線は現在の四国の太平洋岸とほぼ同じ位置にあったと考えられる．その当時，現在は瀬戸内海海底となっている陸地にナウマンゾウやシカなどの動物が棲息していたことが化石の分布からわかる．

2.3　海水面変動史

　瀬戸内海全域が陸上になるほどの（100 m以上の）海水面低下の原因は，氷河性海面変動にあるといわれている．最近数十万年間に幾度となく氷期が訪れたことは，ヨーロッパやアメリカ大陸の陸上に残された氷河性堆積物や大洋底から得られたコア中の有孔虫殻の酸素同位体比変化によって示されている．陸上に大陸氷床が存在する時代を氷河時代というが，その定義によればグリーンランドや南極大陸に大陸氷床が存在する現在も氷河時代である．氷河時代には現在のような暖かい間氷期（現在は，厳密には後氷期）と寒かった氷期が交互に訪れている．地球規模の水循環において，主として海域から蒸発した水蒸気の一部が極域にもたらされ，雪

として降る．そしてそれが圧密作用により氷へと変化していく．氷期には夏期においてもこれらの氷は融け残り，長い年月をかけて大陸氷床へと成長していく．大陸氷床の中には数千mの厚さにまで発達するものも現れる（現在でもグリーンランドや南極の氷床は厚さ数千mあるとされている）．その結果，氷として水が大陸に固定された分だけ海水量は減少し，海水面高度が低下する．間氷期には大陸氷床や山岳氷河が融けて海に戻るため，海水面高度は回復する．このような海面の上昇下降を氷河性海面変動というが，氷河時代にはたびたびこのようなことが繰り返された．瀬戸内海の海底から見つかるナウマンゾウなどの化石は，このうち最新のウルム最大期の海水面低下の時代に生きていた動物が死んだ後地層中に保存され，さらにそれが潮流によって洗い出されたものである．厳密にはそれより古い時代に形成された地層中の化石も洗い出されている可能性もある．

2.4 瀬戸内海が海になる前の地形

　陸地であった瀬戸内海地域がどのような姿をとりながら現在に姿になっていったかを知る方法がある．それには瀬戸内海が海域になる前の地形情報（「基盤等深線図」）と海水面がどのような速度で上昇していったかが明らかになればよい．海水面上昇に伴う瀬戸内海成立の過程は，「世界的な海水準変動曲線」と海域となった瀬戸内海に堆積した堆積物を取り除いた「基盤等

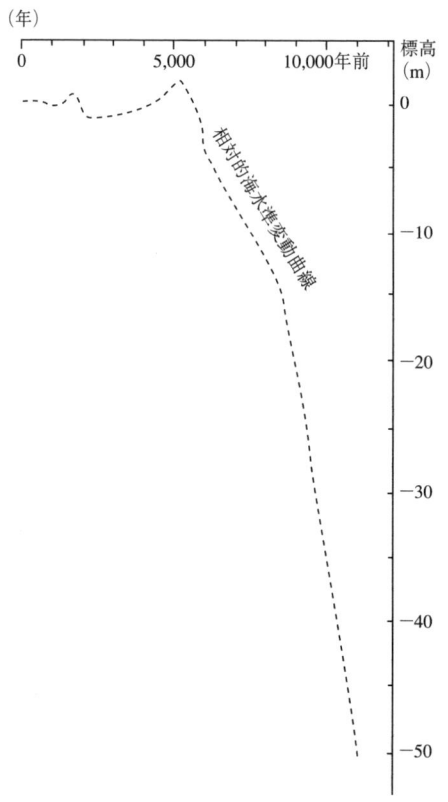

図2.1　海水準曲線（増田ら[6]による相対的海水準変動曲線）

2.4 瀬戸内海が海になる前の地形

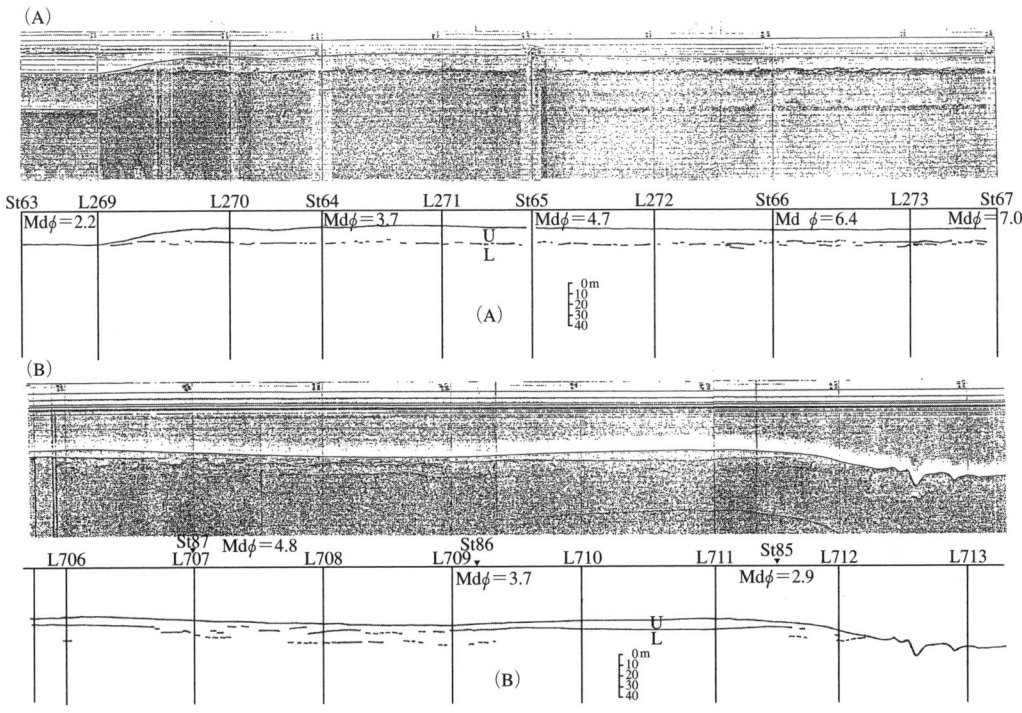

図2.2 瀬戸内海における音波探査記録例およびそのスケッチ
燧灘 西部（A）および豊後水道東部（B）．

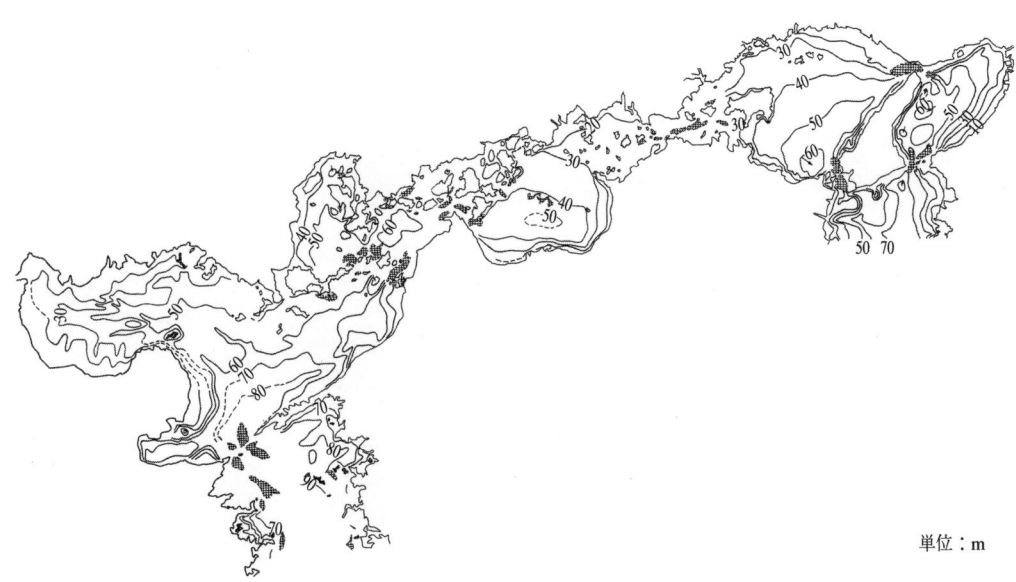

単位：m

図2.3 瀬戸内海基盤等深線図

深線図」から推定することができる．「世界的な海水準変動曲線」といっても，実は世界中で適用可能な唯一の曲線は実在せず，大陸氷床が大きく発達していた地域とそうでない地域ではかなり違ったものとなっている．つまり，厚さ数kmにも及ぶ氷床が載っていた地域では大陸地殻のアイソスタシーによって現在でも隆起が続いており，そうでない地域では約6千〜5千年前に最高海水準を経験している．そこで，瀬戸内海地方で確立している海水準曲線を用いる（図2.1[6]）．

次に瀬戸内海の「基盤等深浅図」であるが，これは音波探査によって作成可能である．瀬戸内海の海底地質は，音波探査によって，U層とL層とに分けられる（図2.2[7]）．この内，U層は瀬戸内海地域が海になって以降の地層であり，L層はそれ以前の地層である．L層の一部は瀬戸内海が成立する過程で潮流によって浸食を受けており，特に海峡部でそれが激しい．L層の最上部の深度，およびその後に浸食を受けている場合には，現在L層が分布している最上位をとって基盤の深度としている．この「基盤等深浅図」（図2.3[8]）と海水準曲線とを比較することによって瀬戸内海地方に海が入っていく様子を復元することができる．

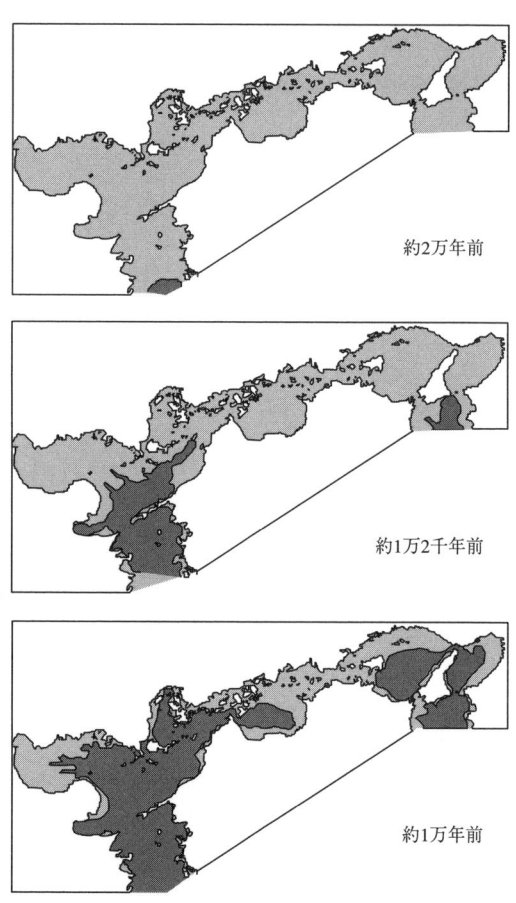

図2.4　瀬戸内海の形
右図の縦横比は誇張されている．左図は海域の拡大過程を

2.5 海域の拡大

ウルム最大期以後，地球全体は温暖期へと移行し現在に至っている．その過程で海水面が上昇を開始する．海水面上昇開始期の海岸線（図2.4）は，現在の四国の太平洋岸に近い位置にあったと考えられる．海水面が上昇して瀬戸内海海域のうちで最初に海域となったのは，現在の豊後水道海域であったと推定される．この海域は水深が100 m前後と瀬戸内海各海域の内で相対的に最も深い．その後，紀伊水道にも海が入るようになる．海域が友ヶ島水道付近に近づいた約1万2千年前頃には，豊後水道側の海は伊予灘の北部にまで侵入していた．約1万年前には，備讃瀬戸および周防灘西部を除くほとんどの海域に海が侵入していたと考えられる．瀬戸内海のほとんどの海域に海が侵入したこの時代をもって，「瀬戸内海の誕生」と呼ぶことにする．その後，海水準の上昇とともにさらに海域が広がっていき，東と西から入った海がつながり瀬戸内海が1つの海域になったのは，約9千年前のことである（海水準約−30 m）．外洋とつながる海峡のうち，最後に残った関門海峡の形成はかなり後のことである．備讃瀬戸およ

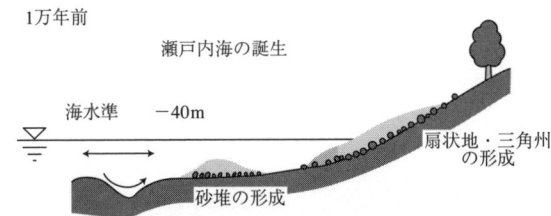

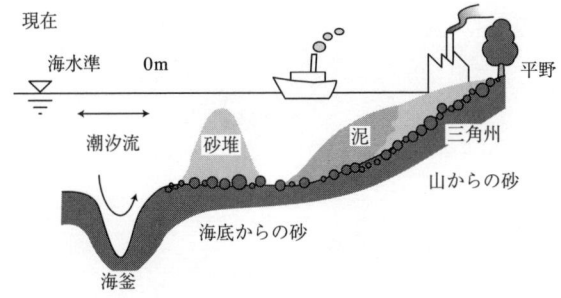

成過程（イメージ図）．
示す．上：2万年前，中：1万2千年前，下：1万年前．

び周防灘西部にも海域が拡大し，縄文海進期（約5〜6千年前）には現在より約2m海面が上昇したのに伴い，海域が現在の陸域にも拡大した後，海岸線はほぼ現在の位置に安定した．このような過程で海峡部には強い潮流が生じるようになった．その結果，潮汐流が海底を浸食し，地層中にあった化石を洗い出すことになる．現在海底から拾い上げられる化石類はこのようにして海底の地層から洗い出されたものである．

2.6 海底地形の分布

約2万3千km²の広さをもち，複雑な海岸線を示す瀬戸内海の海底地形は，一見変化に富み複雑に見えるが，海底地形の分布には規則性がある．結論から先に言えば，瀬戸内海の海底地形の分布は潮流によって支配されているといってよい．以下にまず瀬戸内海の主な海底地形について述べる．海底地形は潮流の浸食作用によって形成された海釜地形と，運搬・堆積作用によって形成された砂浪地形，およびその他に分類される．海釜地形には3種類あり，海峡最狭部がその周辺より浅い鞍部地形をもつ双生型海釜（図2.5），海峡最狭部が掘れて凹地が一続きとなった単成型海釜（図2.6），そして島や岬の先端部に分布する岬型海釜（図2.7）に区分される[9]．これらの地形の多くは島と島の間の「瀬戸」と呼ばれる海域にあり，岬型海釜は「灘」と呼ばれる開けた海域にも見られる．一般に，海釜の周辺に堆積物はあまり堆積せず，堆積物

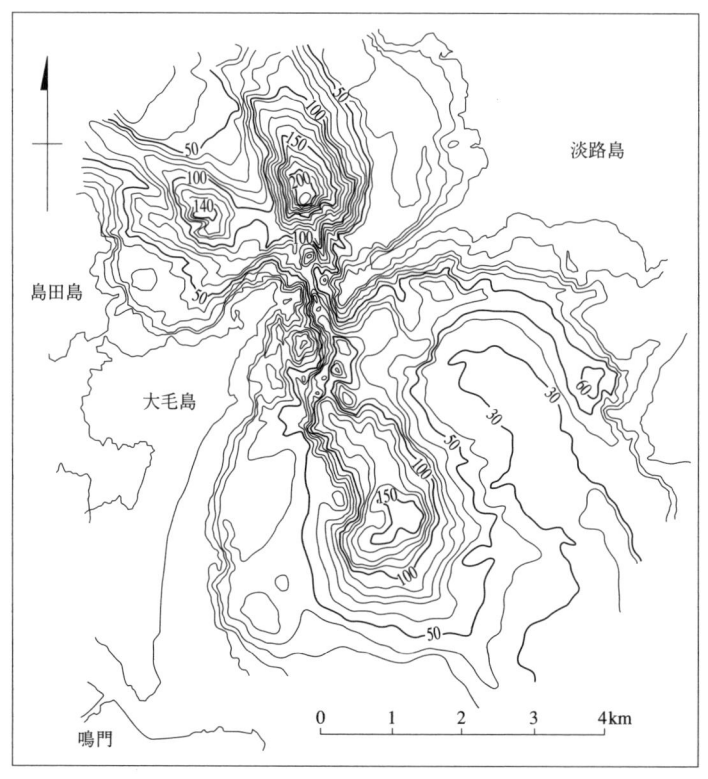

図2.5 双生型海釜の海底地形例（鳴門海峡）

2.6 海底地形の分布

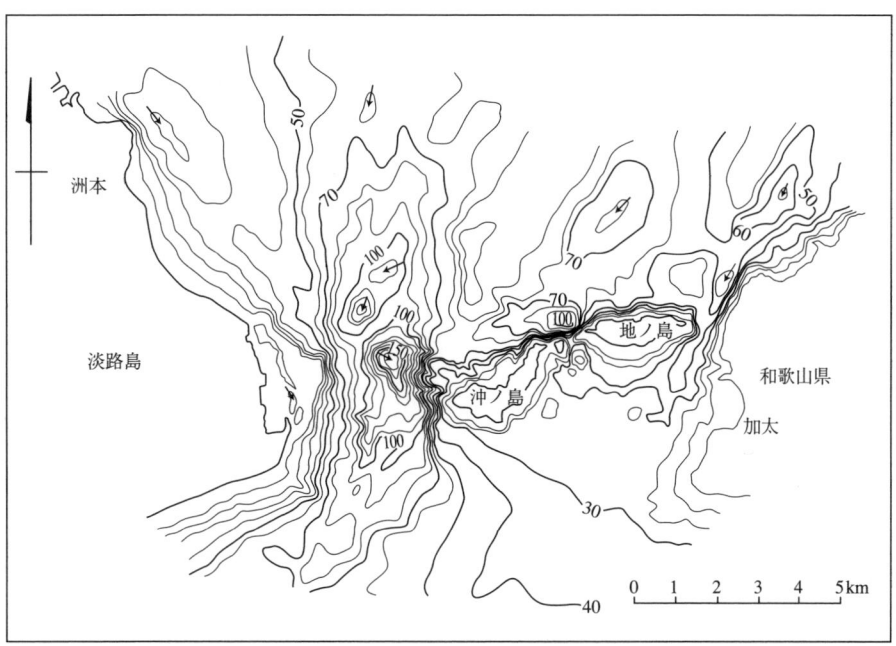

図2.6 単成型海釜の海底地形例（友ヶ島水道）

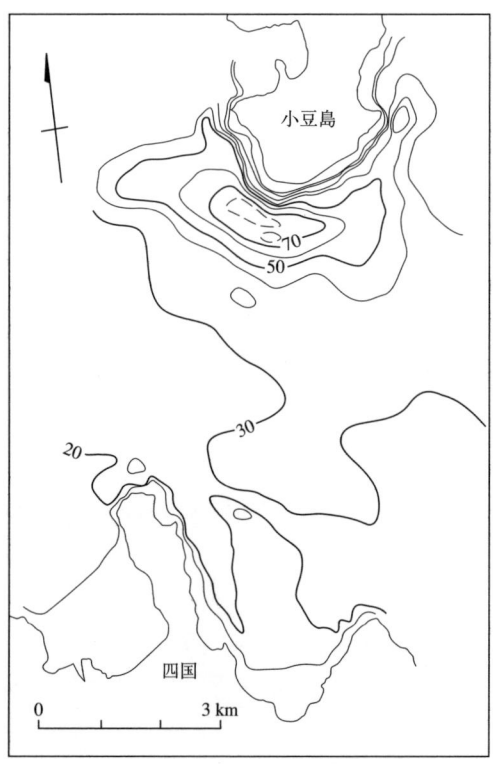

図2.7 岬型海釜の海底地形例（小豆島南方）

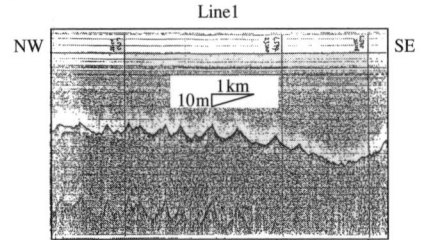
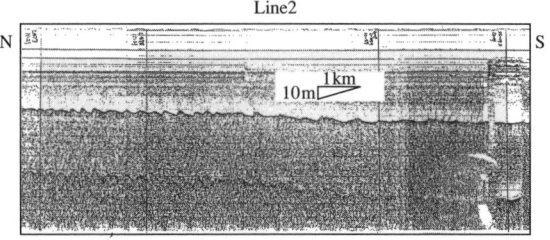

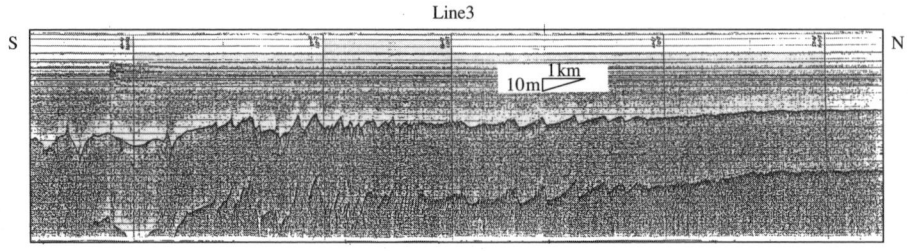

図2.8 砂浪地形の地形断面例．各Lineの位置は図2.9に示す．

の厚さが薄い海域である．潮流速が減衰し始めると粗い粒子から徐々に堆積を開始する．そのような海域には，地形断面で波長数百m波高数mの鋸型を示す砂浪地形が分布する（図2.8）．

一般に鋸の歯の緩やかな斜面が海峡側に，急な斜面が海峡から離れる方向に配列する（図2.9）．島々が入り組んだ海域では，本来砂浪が分布する海域に砂が厚く堆積し，砂堆が形成されている場合がある．砂浪分布域からさらに海峡を離れる方向に移動すると，堆積物はより細粒となり，泥質堆積物へと移行する．このような海域の海底は平坦で，変化が乏しい地形となる．ただし，泥質堆積物が広く分布する海域でも，島や半島などの「突起物」が存在する海域では，先に述べた岬型海釜が分布し，場合によっては下位の地層を浸食していることもある．このように，瀬戸内海の海底地形は潮流速の分布と深く関連しており，底質の分布とも密接に関係している．

瀬戸内海の表層堆積物分布の特徴は，大きな海峡部を中心とする粒度の水平級化である（図2.10）．つまり，底質粒度は海峡部で最も粗く，岩盤や礫が分布し，海峡部を離れるに従って堆積物は極粗粒砂，粗粒砂，中粒砂，細粒砂，極細粒砂へ，さらに泥へと変化する．このような底質粒度変化は規模の大小の違いはあるものの，瀬戸内海の大きな海峡の周辺では普遍的に見られる現象である．この分布様式の原因は，潮流による海峡部での浸食と運搬にある．では，波浪による海岸部の堆積物分布はどのようになっているかといえば，図2.10に示すような規模の底質分布図では表現できないほどのものである．つまり，海岸部に分布する砂質堆積物は，沖合数kmも行かないうちに泥質堆積物へと変化しており，波浪の底質粒度への影響は瀬戸内

2.6 海底地形の分布

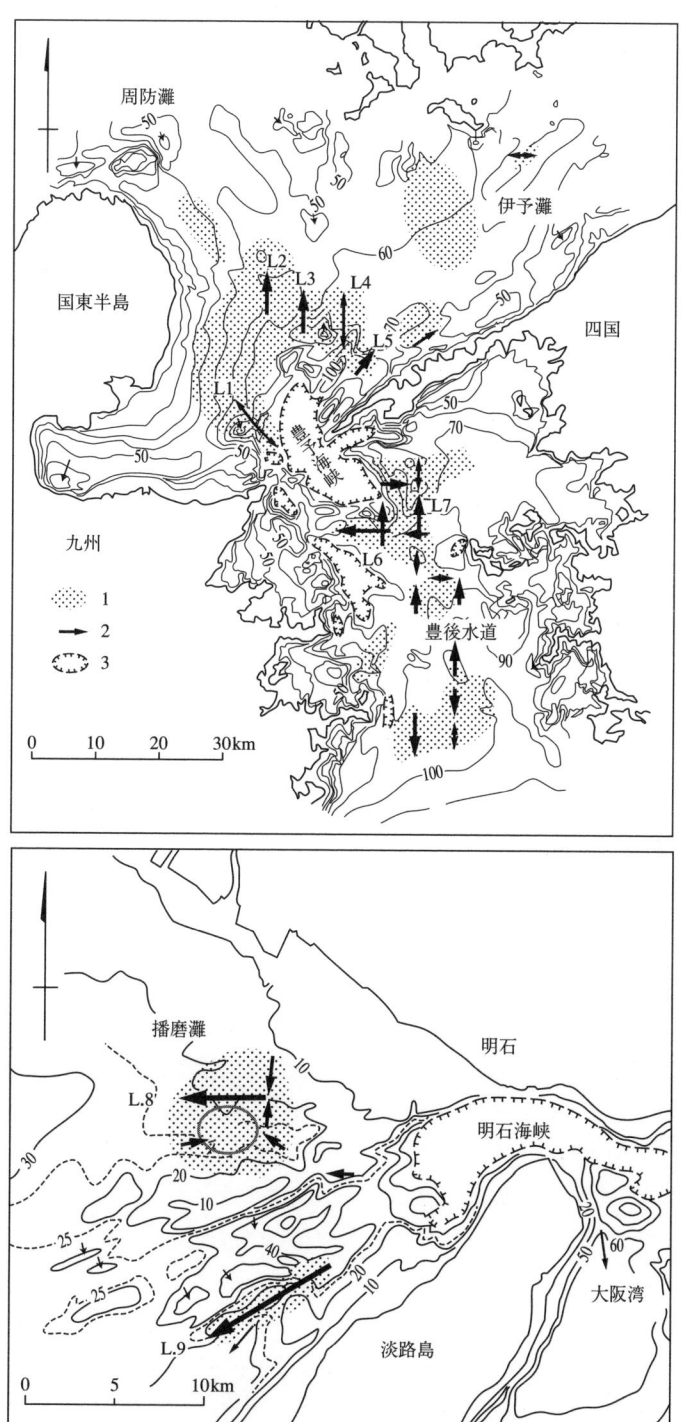

図2.9 砂浪地形の分布例．矢印は海底斜面がなだらかな方から急な方に向かう方向を示している．

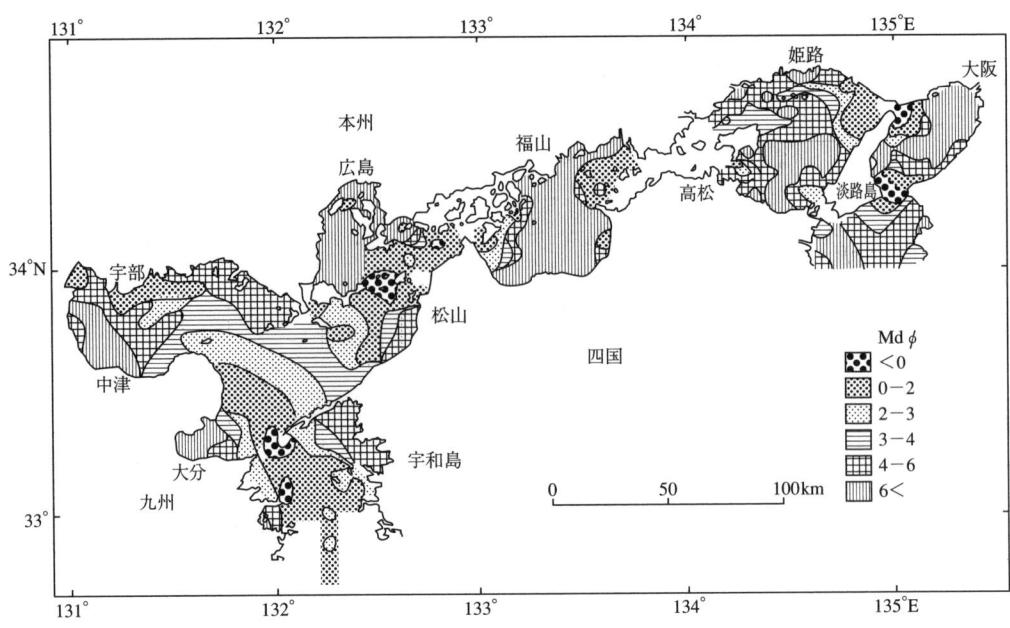

図2.10 瀬戸内海表層堆積物の粒度分布図．中央粒径値で表現した堆積物の粒度．数字が小さいほど粗い堆積物．

海全域では図に表現できない程度であることが分かる．第8章で述べる海砂資源の問題と関連して述べれば，瀬戸内海には2種類の「砂」が存在する．つまり，「海から来た砂」と「山から来た砂」である（図2.4）．前者は，潮流が海底の地層や岩盤を浸食して生産された砂粒子を起源とするものであり，後者は海岸の岩が波によって砕かれた砂や河川を通じて洪水時などに海に運び込まれた陸から供給された砂である．普段人々が目にするのは海岸の砂であり，それは「山から来た砂」で，河口や海岸に堆積したものが波によって海岸に沿って移動した（している）ものである．海砂として採取されていたものは，前者の「海から来た砂」であり，それは一般に海岸の砂を形成しない．さらに，海砂採取海域は一般に島々が入り組んだ海域にあり，風の吹送距離が大きくならない海域である．つまり，海砂採取海域は大きな風浪が発生しにくい海域となっている．ゆえに砂堆がなくなることで風浪が大きくなり海岸の砂が浸食されることは考えにくい．つまり，「海から来た砂」を採取しているかぎり海岸侵食は起こりにくいはずである．

2.7 底質と環境

瀬戸内海の海底地形と潮流速度とが密接に関係していること，そして底質の分布も潮流と密接な関係があることを述べた．次に底質の分布と海域環境との関係について検討する．赤潮発生が顕著であった1975年頃には大阪湾，播磨灘，燧灘，広島湾，周防灘，別府湾と泥質堆積物分布域のほとんどで赤潮が発生した[10]．一方，砂質堆積物分布域での発生は稀である．このことから，泥質堆積物が堆積するようなよどんだ海域では赤潮発生の可能性があることを示し

ている．次に，堆積物中のリン・窒素・亜鉛濃度分布図[9]によると，これらの元素濃度が高い海域は，泥質堆積物分布域とほぼ一致する．逆に砂質堆積物分布域ではこれら元素の濃度は一般に低い．このことから，泥質堆積物がたまる海域には海域汚染物質もたまりやすいことがわかる．

2.8 まとめ

瀬戸内海の海底地形と底質，海底環境は密接な関係にあり，それらは潮流によって大きく支配されていることを示した．その結果，以下のようなことがいえる．海峡部に近い潮汐流の速い海域では，底質は岩盤もしくは砂礫であり，海域汚染物質はたまりにくい．海峡部を離れた潮流速度の小さな海域では，細粒の堆積物が堆積し，汚染物質もたまりやすく赤潮も発生しやすい．

文　献

1) 環境庁水質保全局監修（1999）：平成10年度瀬戸内海の環境保全資料集，（社）瀬戸内海環境保全協会，pp.1-2.
2) 朝日新聞社（1998）：朝日新聞，12月20日.
3) 今村外治（1974）：楠見久先生退官記念文集，pp.107-121.
4) 山本慶一（1988）：備讃瀬戸海底産出の脊椎動物化石，倉敷市立自然史博物館，pp.1-6.
5) Yokoyama, Y. et al.（2001）：*Paleogeography, Paleoclimatology, Paleoecology*, 165, 281-297.
6) 増田富士雄ら（2000）：地質学雑誌，106, 482-488.
7) Inouchi, Y.（1990）：*Bull. Geol. Surv. Japan*, 41, 49-86.
8) 井内美郎：瀬戸内海の自然と環境，（社）瀬戸内海環境保全協会，1998, pp.12-33.
9) 桑代　勲（1959）：地理学評論，132, 24-34.
10) 環境庁水質保全局監修（1999）：平成10年度瀬戸内海の環境保全資料集，（社）瀬戸内海環境保全協会，p.35.

第3章 瀬戸内海の堆積速度と堆積物の重金属濃度

3.1 はじめに

海に負荷された有機物，栄養塩類，重金属元素など多くの物質は，海水中で化学的・生物的な変化を受けながら，粒子状態で存在しているものはやがて海底に沈降・堆積する．本章では，瀬戸内海の海水中に懸濁する粒状物質の堆積速度やその水平分布から，このような物質の輸送過程を支配する要因を考えるとともに，堆積物の年代測定と重金属元素濃度から汚染の変遷について述べる．

本章の中で論じる瀬戸内海は，図3.1に示すとおり環境庁（1995年当時）により定義された

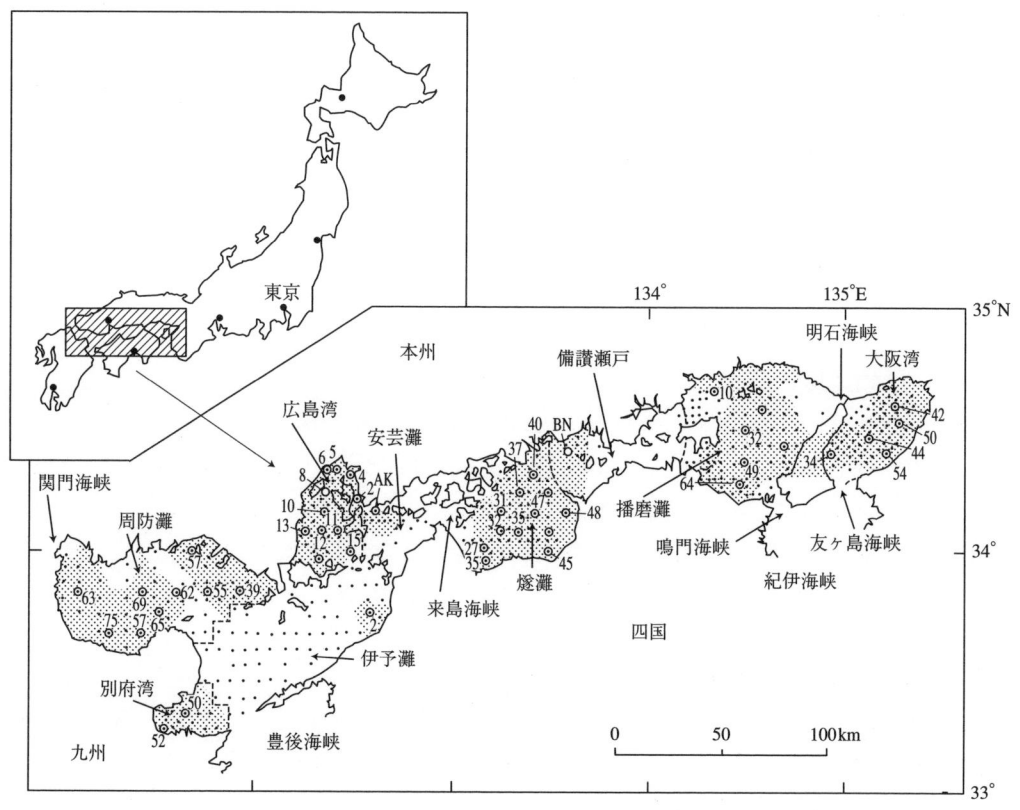

図3.1 堆積速度測定地点（1986年以前）．▨▨▨部分は，堆積域を示す．

表3.1 瀬戸内海の海域諸元および，粒状物質，重金属元素，TN，TP，Org.Cの堆積負荷量（t/年）および現存量（t）かっこ内の数値は現存量．ただし粒状物質は×10⁶ t（Hoshika et al.[1]）を一部改正）．

	面積 (km²)	海水容積 (km³)	堆積域面積 (km²) (Mdϕ>4)	粒状物質 SS	亜鉛	銅	ニッケル	クロム	鉄	全窒素 TN	全リン TP	有機態炭素 Org.C
大阪湾	1,530	42	1,090	3.6 (0.3)	550 (200)	90 (30)	140	180	70,300 (400)	4400 (14,100)	800 (1,700)	55,200
播磨灘	3,430	89	1,990	4.1 (0.4)	810 (130)	120 (50)	190	310	147,600 (300)	9,000 (15,200)	1,600 (3,500)	92,500
備讃瀬戸	920	13	240	— (0.1)	— (70)	— (20)	—	—	— (1 00)	— (5700)	— (700)	—
燧灘	2,250	38	1,960	3.9 (0.2)	78 (90)	210 (30)	190	250	118,200 (100)	7,800 (7,600)	1,500 (11,00)	120,000
安芸灘	960	28	170	0.2 (0.1)	30 (30)	10 (20)	10	10	5,800 (200)	400 (7,600)	100 (900)	3,200
広島湾	950	24	880	2.6 (0.1)	440 (50)	70 (10)	80	90	68,800 (500)	5,200 (6,700)	800 (900)	51,100
伊予灘	3,460	197	110	0.6 (0.8)	60 (230)	10 (80)	20	30	1,600 (100)	500 (50,700)	200 (5,500)	4,900
周防灘	3,100	74	2,350	4.7 (0.3)	700 (300)	100 (40)	160	190	151,600 (100)	8,700 (20,400)	1,700 (2,400)	94,000
別府湾	480	17	410	0.9 (0.1)	130 (60)	20 (10)	30	30	23,600 (100)	2,000 (5,100)	300 (700)	23,800
瀬戸内全域	17,100	520	9,200	20.6 (2.4)	3,500 (1,160)	630 (290)	820	1090	587,500 (1,900)	38,000 (113,100)	7,000 (17,400)	44,470

海域区分および海域面積は，水産庁「漁場改良復旧基礎調査報告書」（昭和59年度）による

海域のうち紀伊水道，豊後水道および響灘を除いた海域であり，面積約 17,100 km²，容積約 520 km³ および平均水深 30 m である（表3.1）．

3.2 堆積速度の測定

堆積速度は ^{210}Pb 年代測定法により求める．この方法は，地殻中の ^{226}Ra の放射壊変をとおして大気中で生成する ^{210}Pb が，エアロゾルに取り込まれ降水とともに海水を経て堆積物へと蓄積されることから，この ^{210}Pb 含有量を計測して年代測定を行う．^{210}Pb の半減期は22.3年であることから，100年程度の年代を決定するのに適した方法として用いられる．

いま堆積物表層から深さ z（cm）における ^{210}Pb 含有量 A(W)（Bq/g）は，深さ z までの単位面積当たりの堆積積算重量を W（g/cm²）とすれば次式で表される．

$$A(W) = \{A(0) - A(\infty)\} \exp(-\lambda W/\omega) + A(\infty) \qquad (1)$$

ここで λ は ^{210}Pb の壊変定数（0.0311/年），ω は堆積速度（g/cm²年）である．A(0) は堆積物表面の ^{210}Pb 含有量，A(∞) は ^{210}Pb 含有量が一定値になる深さの値で，バックグラウンドとして含まれる ^{210}Pb 含有量である．

$\{A(0) - A(\infty)\}$ は Aex(W) と表され，過剰 ^{210}Pb（^{210}Pbex）と呼ばれる．(1)式は

$$\text{Aex}(W) = \text{Aex}(0) \exp(-\lambda W/\omega) \tag{2}$$

となる．したがって堆積重量 W に対して Aex (w) の対数をプロットすれば，直線の傾きから平均堆積速度 ω が求められる．

本章中の ^{210}Pb 含有量は 2 つの方法で測定したものである．測定測定方法について簡単に紹介すると，まず 1 m の柱状採泥器により採取した堆積物を数 cm 毎に切り分け，乾燥後粉末にし，化学的前処理により ^{210}Pb を抽出する．その後 ^{210}Pb の娘核種である ^{210}Bi の生成を待って ^{210}Bi の壊変により放出される β 線を低バックグラウンド・ガスフローカウンターで測定する方法である（本章で，図3.1に示す47地点の計測にこの方法を適用している．抽出処理は煩雑である）．一方，粉末試料をアクリル容器に密封し，試料中の ^{210}Pb から放出される 46.5keV の γ 線を半導体検出器により直接測定する方法である（γ 線スペクトロメトリー）．最近の半導体検出器の進歩により，試料を前処理することなく比較的簡単に低エネルギー γ 線を計測できるようになった．前述の測点以外はこの方法を適用している．

3.3　瀬戸内海の堆積速度

瀬戸内海の堆積速度は，著者らによって図3.1に示す主要な灘や湾を含むほぼ全域の47地点で求められてきた（Hoshika and Shiozawa [1]）．その後，大阪湾，燧灘および広島湾において新たに測定点を追加して堆積速度の詳細な分布を調べ，海域特性との関わりについて明らかになったことを紹介する．

瀬戸内海の堆積速度は 0.11 g/cm² 年から 1.13 g/cm² 年の範囲にある．その拡がりをみると，堆積速度が 0.15 g/cm² 年以下と遅い海域は，大阪湾口部や中央部西寄り，播磨灘北部沿岸域，播磨灘の家島諸島南部，燧灘東部，周防灘東部などでみられるが，これらは流れの比較的速い海域である．一方，0.30 g/cm² 年を超える速い堆積速度は，大阪湾中央部，播磨灘中央の東部寄り，燧灘中央部，広島湾々奥部や中央部でみられる．後で詳しく述べるが，特に大阪湾や広島湾では 0.50 g/cm² 年を超えるかなり速い堆積速度がみられる．

約 1 万 8 千年前に約 -80 m にあった海水準は [2] それ以降上昇し始め，約 1 万年前の最終氷期（ウルム氷期）末期に豊後水道と紀伊水道から入った海水は東西相通じ，以降の海進により現在の瀬戸内海が誕生したといわれる．その間に堆積した堆積物（沖積層）の厚さは 10～30 m 程度にもなり，局所的に 40 m にも達するところがある（井内 [3]）．厚い堆積層が分布している海域は，現在も堆積作用が進行していると考えられている．一方，海峡部をはじめ，播磨灘北部家島諸島を中心に東西に帯状に横切る海域，伊予灘中央部を除く広い範囲，および周防灘東部の海域には沖積層は認められず，これらの海域は無堆積域である．20 m を超える厚い堆積層が分布する地点の堆積速度は大きく（例えば播磨灘42，燧灘42，広島湾4, 5および10，および伊予灘2など），10 m 以下の堆積層が分布する海域の堆積速度は遅い（例えば播磨灘24と32，燧灘45と48，および周防灘39, 55と62など）傾向がみられる．

それでは，大阪湾，燧灘および広島湾について詳しく見てみよう．

3.3.1 大阪湾

大阪湾は京阪神都市圏を後背地として漁業，産業活動，海上交通，レクリエーションなどの場として古くから利用されてきた．特に沿岸部は高度経済成長期に未曾有のスピードと規模で埋立が進められ，一大重化学コンビナートが形成されるなど経済・産業の発展の一翼を担ってきた．しかし，人間活動の急激な高まりにより，周知のように公害問題や，富栄養化，赤潮発生，貧酸素化などの環境問題に悩まされてきた．

図3.2は大阪湾の堆積速度の水平分布である[4]．0.8 g/cm^{2}年を超える速い堆積速度を示す海域が湾中央部に目玉状に分布している．大阪湾では，年平均河川流入量（約9.4×10^9m^3/年）の95％が淀川，大和川，神崎川などを通して湾奥部に流入する．そのため，相当量の粒状物質が大阪湾奥部に集中的に流入するが，堆積速度は湾奥部よりもむしろ湾中央部で速い．このような堆積速度の分布は，沖積層の厚い分布域と比較的よく一致している．

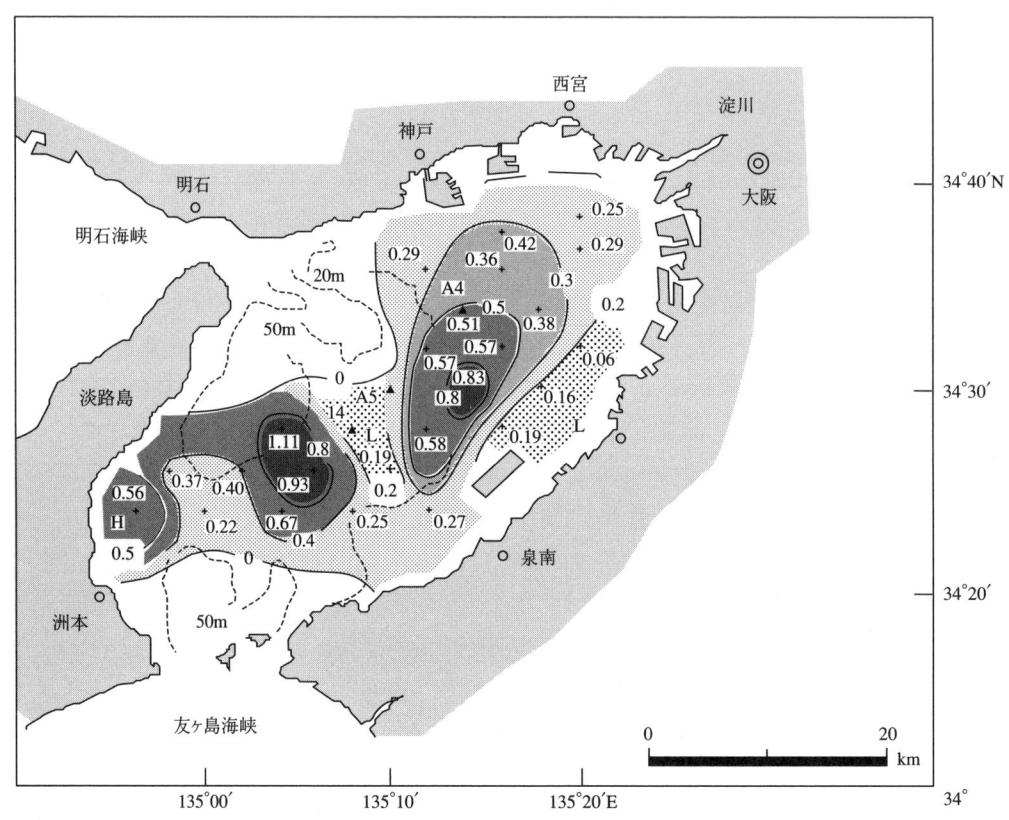

図3.2　大阪湾の堆積速度（g/cm^{2}年）

大阪湾への堆積負荷量は，海底が中央粒径62μ以下の微細粒子で覆われている海域を堆積域として，各測点の堆積速度に測点を中心とした堆積域面積を乗じて計算する．大阪湾の堆積域面積は1,090 km^{2}で，湾全域の71％を占めている．大阪湾における年間の堆積負荷量は360万tとなる．これは，大阪湾とほぼ同じ規模の東京湾における年間堆積負荷量（120万t）の3

3.3 瀬戸内海の堆積速度

倍にも相当している．ここで，各海域の堆積域面積を，粒状物質，重金属元素濃度，全窒素，全リンおよび有機炭素の堆積負荷量と海水中現存量（1979～1982年の調査結果）とともに表3.1に示す．また，大阪湾の平均堆積速度は，堆積負荷量を堆積域面積で割ると0.33 g/cm^{2}年となる（ただし，この値は，後で述べる大規模埋め立てや構造物で囲まれた水域の堆積負荷量は含まない）．

次に，大阪湾における粒状物質の収支を図3.3に示す．大阪湾に流入する粒状物質の主要な起源として，①河川，②基礎生産，③大気，④人間活動を，一方，除去されるものとして⑤堆積，⑥分解を考え，各パラメータについて計算したものである．手法の詳細については星加ら[3]を参照されたい．この6個のパラメータを計算すると，除去される量に対して流入量が27.8×10^5 t/年も不足し，流入量と除去量はバランスしない．これは計算に用いた河川の月平均粒状物質濃度が平水時の値であるためで，したがってこの不足分は梅雨や台風期の出水時に粒状物質濃度が増大することによって補われると考えている．この量は年間堆積量の77％にも相当し，平水時の6倍以上もの粒状物質が1年という時間スケールで見ればほんの短期間の出来事である出水時に供給されることが理解できる．

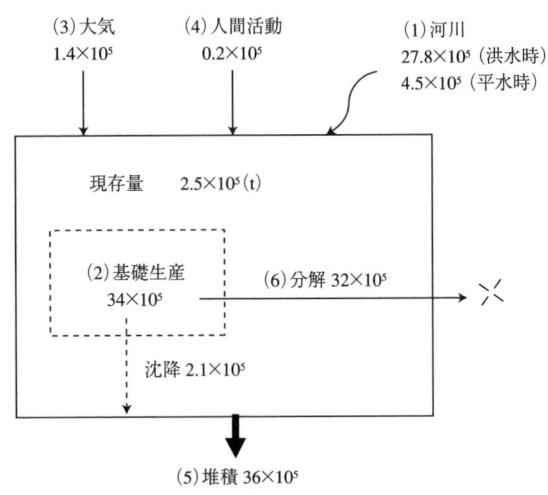

図3.3　大阪湾における粒状物質の収支（t/年）

このように出水時における莫大な粒状物質の流入や特徴的な流れが，大阪湾における粒状物質の堆積過程や堆積速度とどのように関わっているのだろうか．異常出水時における大阪湾の流れは平水時のそれとは異なっている（中辻ら[5]）．異常出水によって湾奥部に供給された莫大な量の粒状物質は，密度流が卓越する出水直後の数日の間coastal jetによって湾中央部のフロントを越え，大阪湾西部の明石海峡付近まで運ばれる．その後coastal jetが弱まり潮流系の支配する平水時の流動環境が戻ると，出水時に海峡部まで運ばれた粒状物質は潮流によって再び混合され，海峡部は二義的に粒状物質の供給源となり，粒状物質は海峡部から周辺部へと輸送され堆積することになる．このような大阪湾特有の物質輸送過程が大阪湾の堆積速度や底質の粒度組成分布を支配している．

堆積速度の速い海域は，湾中央部あたりで目玉状になって現れている．この理由は，推測の域を出ないが，当海域は明石海峡のジェット流の先端部にあたっており，もしジェット流が渦対を形成することがあれば，粒状物質は渦に取り込まれ，渦対が形成される場所に堆積することと関連しているかもしれない．また，淡路島東部沿岸にも堆積速度の速い海域がみられることから，この海域と，南西部の目玉に相当する海域もまた友ヶ島水道の流れの影響を受けていることが考えられる．

3.3.2 大阪湾奥部の大規模埋め立てや構造物で囲まれた水域の堆積

大阪湾湾奥の都市沿岸部は，大規模埋立，防波堤や岸壁など港湾施設の整備が進み，このような人工構造物で囲まれた海水面が広がっている．その水域は今では85 km^{2}にも達しており，海水の流れは著しく弱く，夏季には貧酸素～無酸素状態となりしばしば無生物状態になる（湯浅[6]）．このような水域では船舶の航行や錨泊，波浪などの物理的な攪乱によって堆積層が乱れ，多くの点で^{210}Pb (ex) の減衰曲線から堆積速度を求められなかった．幸いなことに，大阪湾堆積物中の^{210}Pb (ex) のインベントリー（現存量）と，^{210}Pb (ex) の減衰曲線から求めた堆積速度と間には図3.4に示すような直線関係が認められたことから，この関係から各測点の堆積物中の^{210}Pb (ex) のインベントリーを求め堆積速度を推定した（結果を図3.5に示す）．これから堆積負荷量を計算すると，この水域には大阪湾全体の11％にも相当する41万tが堆積していることになる（平均堆積速度は0.48 g/cm^{2}年となる）．このような水域は陸域に近接し，環境汚染物質の濃度もかなり高く堆積物に蓄積されている汚染物質は相当な量と考えられるため，湾全体へ及ぼす影響も憂慮されるところである．

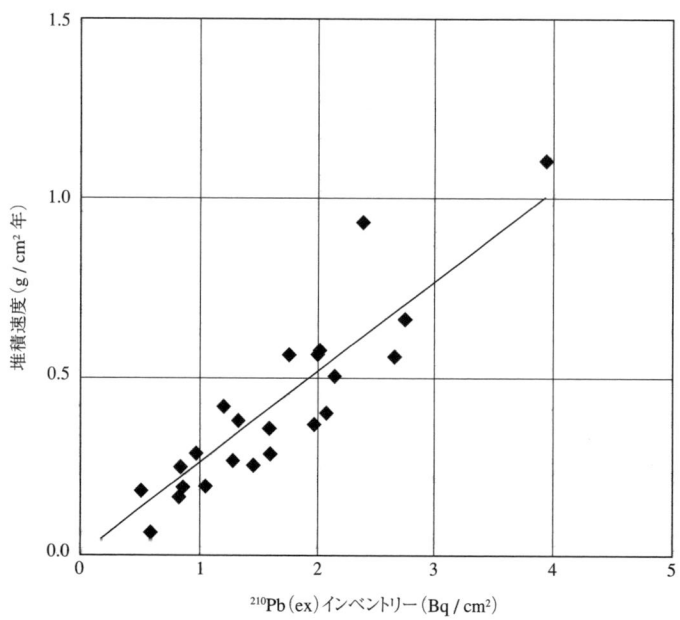

図3.4　大阪湾における^{210}Pb (ex) インベントリーと^{210}Pb (ex) 減衰曲線から求めた堆積速度の関係

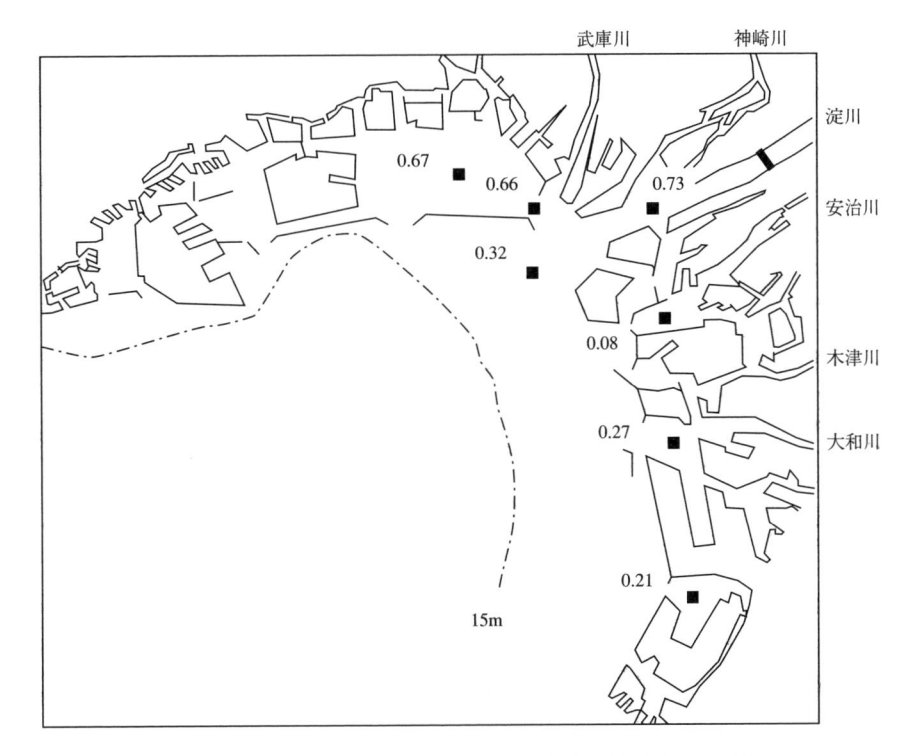

図3.5 大阪湾奥部の埋め立てなどでできた停滞水域の堆積速度（g/cm²年）

3.3.3 燧灘

燧灘は瀬戸内海の中央部に位置する閉鎖的な海域であり，豊後水道と紀伊水道からの潮流が会離するため全体的に潮流が弱く，特に東部海域では海水の停滞性が強い．古来，燧灘は豊かな水産資源に恵まれていたが，1960年代の高度経済成長期以降はPCBや重金属汚染，赤潮や貧酸素水塊の発生など深刻な海洋汚染に見舞われてきた．

燧灘の堆積速度の水平分布を図3.6に示す．灘中央部より少し東寄りの海域に0.3 g/cm²年を超える速い堆積速度がみられる．堆積速度はここから周辺海域に向かって小さくなり，特に，東部から南部沿岸では0.15g/cm²年前後の遅い堆積速度を示す海域が広がっている．

燧灘では20 mを超える厚い沖積層が灘中央部から東部寄りに分布し，一方東部沿岸域では10 m以下となっている．燧灘の堆積速度は沖積層の層厚分布に比較的よく一致している．

燧灘には，東部海域に明瞭な反時計回りの残差循環流が存在していることが知られている（柳・樋口[7]）．このような環流の中心部にはものが蓄積しやすく，燧灘の速い堆積速度は残差循環流の中にみられている．粒状物質は主として河川を経由して流入されるが，燧灘へ流入する河川のほとんどは南部から東部陸域の中小河川であり，河川流入量（1.6×10^9 m³/年）も瀬戸内海の他の主要な灘や湾の流入量に比べてかなり少ない．燧灘では，周辺部の中小河川から流入する粒状物質が拡散しながら残差流によって輸送され，最終的に残差循環流に取り込まれ堆積していると考えられる．燧灘では有害プランクトンである*Chattonella*による赤潮がしば

しば発生するが，堆積物表層中におけるChattonellaの休眠細胞（シスト）の密度分布は赤潮の発生海域とはあまり関係なく，むしろ堆積速度の分布傾向に近い．これはプランクトンと違って自泳力をもたないシストが，粒状物質と同じように輸送・蓄積されるためであろう．

燧灘の年間堆積量は390万tであり，大阪湾のそれとほぼ同じか僅かに大きい．これは燧灘の堆積域面積が大きいためで，平均堆積速度は大阪湾の2/3程度の0.20 g/cm²年である．

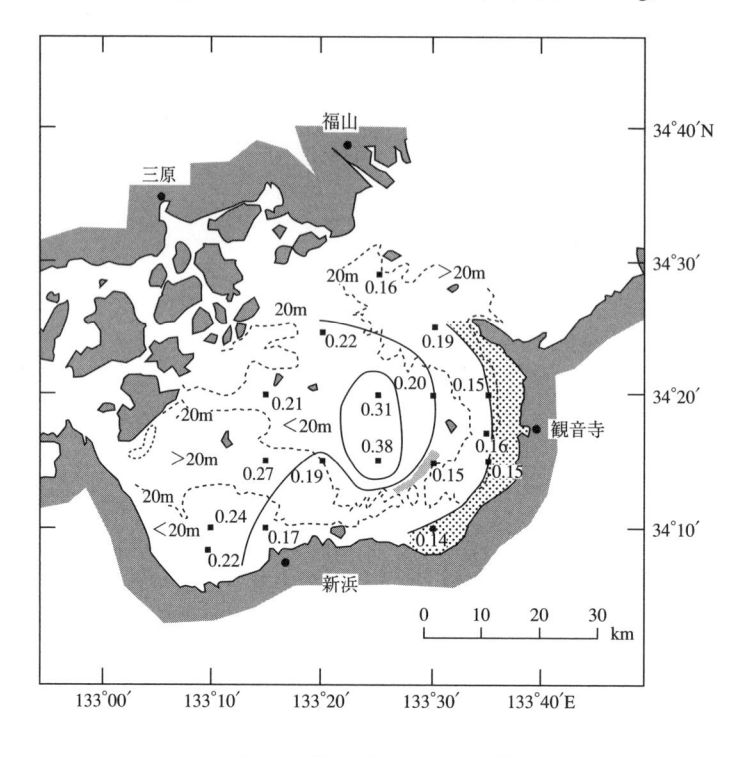

図3.6　燧灘の堆積速度（g/cm²年）

3.3.4　広島湾

広島湾の湾奥部から西部にかけての後背地には，都市化が進む広島市や，瀬戸内海工業地帯の一翼を担う岩国市や大竹市が位置している．湾内に流入する主な河川は，湾奥部の広島市街地を流れる一級河川の太田川と湾西部に流入する小瀬川である（流量約2.5×10^9 m³/年および約0.5×10^9 m³/年）．湾奥部海域は，厳島と能美島によって挟まれた奈佐美瀬戸で湾中央部と通じている．そのため海水の停滞性が特に強く，貧酸素水塊や赤潮がしばしば発生する．また，広島湾は日本一の水揚げ量を誇るカキの養殖が盛んで，湾奥部から中央部にかけての海域には1万数千台もの養殖筏が配置されている．海底は90％以上が泥質堆積物で占められ，全域的にも停滞性が強い海域である．

広島湾の堆積速度は，図3.7に示すように湾奥部の太田川流入域で0.68 g/cm²年と最も大きく，そこから0.30 g/cm²年を超える速い堆積速度を示す海域が扇状に広がっている．湾奥部では全淡水流入量の約75％を太田川からの流入が占めており（木村[8]），太田川から供給される

3.3 瀬戸内海の堆積速度

粒状物質が河口域を中心に扇状に堆積していると考えられる．また，湾奥部の海底近傍では，エスチュアリー循環により湾中央部から湾奥部に向かう残差流があり，湾奥部は粒状物質が堆積されやすいと考えられる．一方，0.30 g/cm^{2}年以上の堆積速度は湾央部でもみられる．湾央部から湾南部の海域では反時計廻りの還流がみられ，その中心部は湾央部に位置している．湾央部から南部に流入する淡水の約6割は湾奥部から供給されており，湾奥部から輸送される粒状物質と湾西部の小瀬川や錦川から流入する粒状物質が，この還流に取り込まれながら堆積していると思われる．

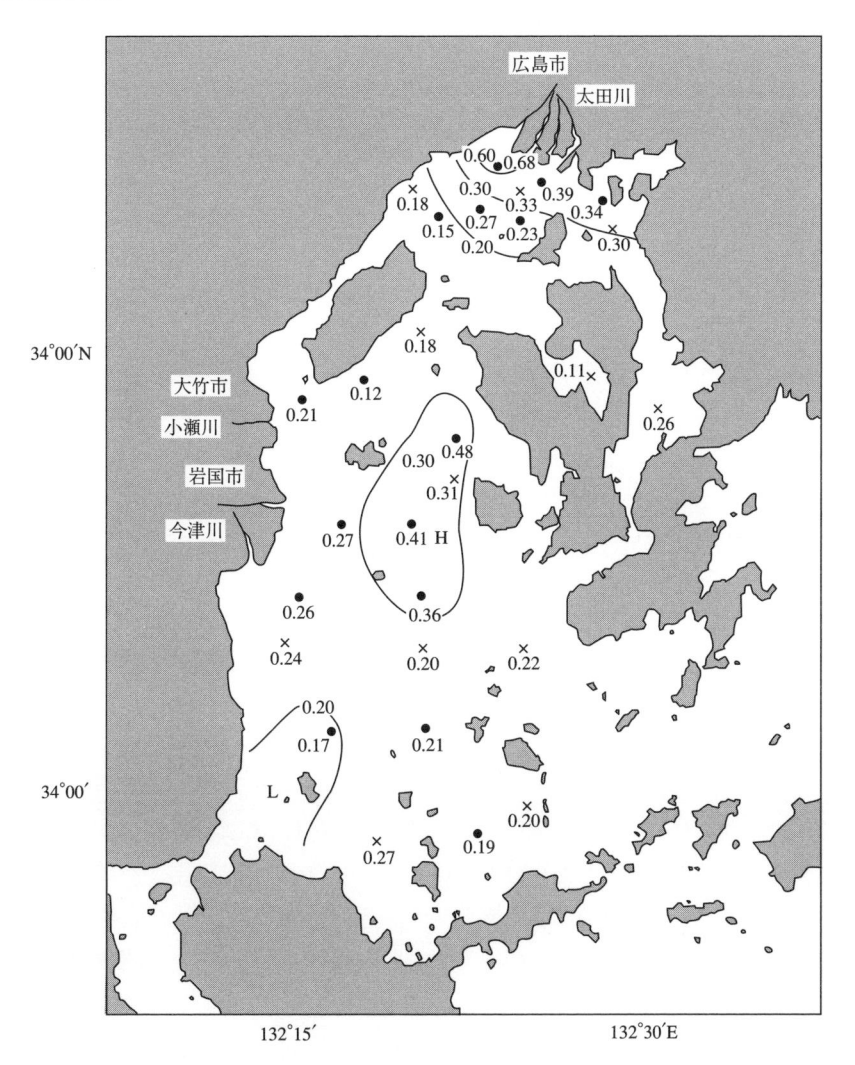

図3.7 広島湾の堆積速度（g/cm^{2}年）

広島湾における年間堆積負荷量は260万 t，堆積域面積で割った平均堆積速度は0.30 g/cm^{2}年である．大阪湾と同じ方法で，広島湾における粒状物質の収支を求めた（図3.8）．広島湾では年間23.6×10^5 t/年という大量の粒状物質が雨季や台風期の出水時に供給されることにな

り，その量は年間堆積負荷量の90％にも相当している．

　大阪湾や広島湾のように，出水時に大量に供給される粒状物質が閉鎖的な海域の堆積負荷量を支配している現象は，河川が流入する他の閉鎖的な内湾でも起こっているように思われる．

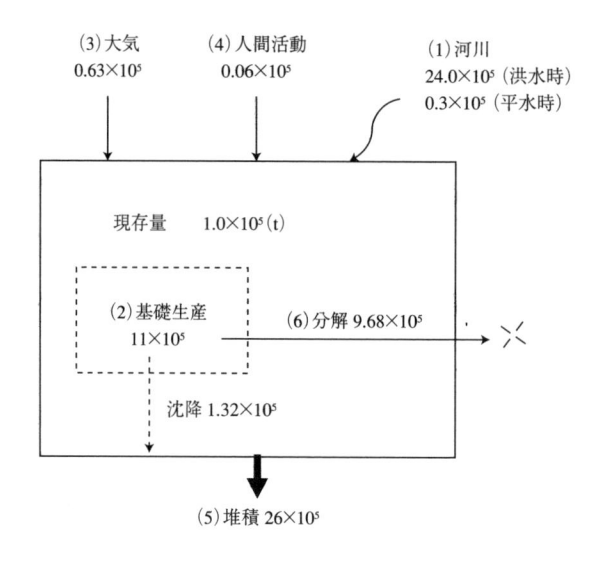

```
     (3)大気           (4)人間活動        (1)河川
   0.63×10⁵          0.06×10⁵         24.0×10⁵（洪水時）
                                        0.3×10⁵（平水時）
   ┌─────────────────────────────────────────┐
   │                                         │
   │   現存量   1.0×10⁵(t)                    │
   │  ┌──────────────┐                        │
   │  │ (2)基礎生産  │ (6)分解 9.68×10⁵        │──→ ×
   │  │  11×10⁵      │────────────→            │
   │  └──────────────┘                        │
   │       ↓ 沈降 1.32×10⁵                    │
   └─────────────────────────────────────────┘
                  ↓
             (5)堆積 26×10⁵
```

図3.8　広島湾における粒状物質の収支（t/年）

3.4　重金属汚染について
3.4.1　水平分布の傾向

　環境省は瀬戸内海全域の底質汚染が改善されたかどうかを評価するため，瀬戸内海環境情報基本調査（1980年代前半：1981～1985年）および瀬戸内海環境管理基本調査（1990年代前半：1991～1994年）において，ほぼ10年を隔てた2回の底質調査を実施している（現在，3回目となる10年後の調査・解析を終えたところである）．これらについて駒井ら[9]がとりまとめたデータを紹介しよう．

　第1回目と第2回目についての5項目の重金属元素（カドミウム，鉛，銅，亜鉛およびマンガン）の水平分布の傾向に大きな変化はみられなかった．例えば，1990年代前半の亜鉛の水平分布を図3.9に示す．マンガンを除き，カドミウム，鉛および銅については亜鉛とほぼ同じような分布傾向がみられている．これらの元素濃度は，特に大阪湾奥部，播磨灘北部および広島湾奥部で高い．これらの海域は，後背地に重化学工業地帯が広がり，人口が集中しているため流入汚濁負荷量が大きく，海底は泥が分布し，TOC，TN，TPなどの有機物や栄養塩類の濃度も高いという特徴がある．一方，安芸灘，伊予灘，豊後水道および響灘海域は流れが速く，砂質物が広く分布し濃度が低くなっている．

　また，2回の調査期間でマンガンを除く重金属元素濃度が減少した地点は，図3.10に示すように，大阪湾，播磨灘，備後灘，燧灘，広島湾，および周防灘に多くみられる．一方，増加した地点は全体では少ない．このように，瀬戸内海底質中の重金属濃度は，海域や重金属の種類

3.4 重金属汚染について

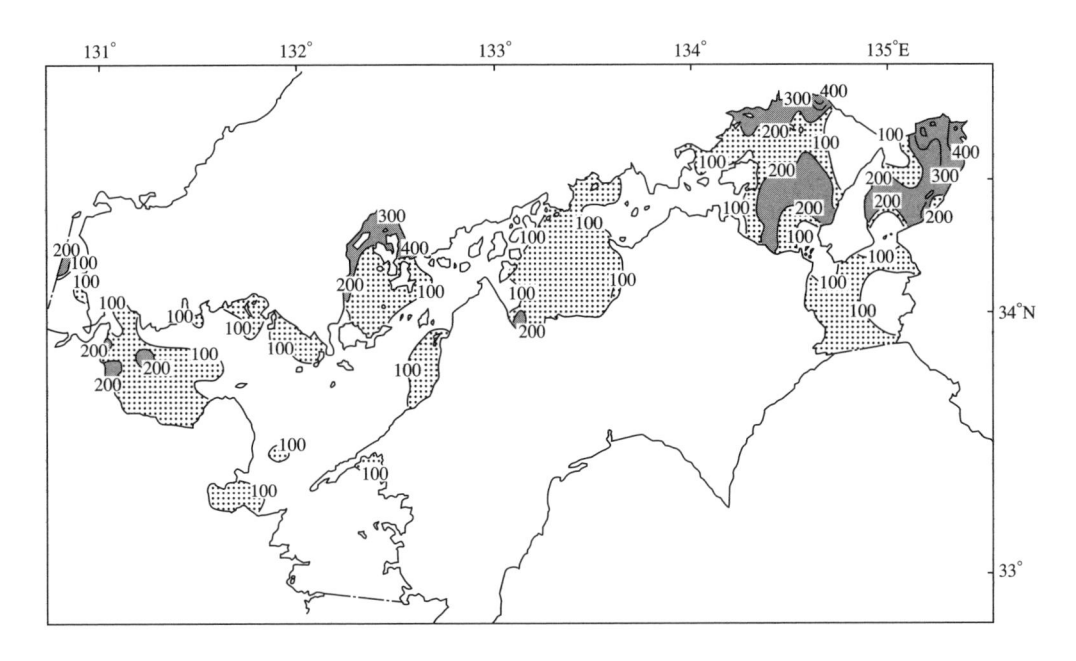

図3.9 瀬戸内海表層堆積物中の亜鉛濃度分布（mg/kg）

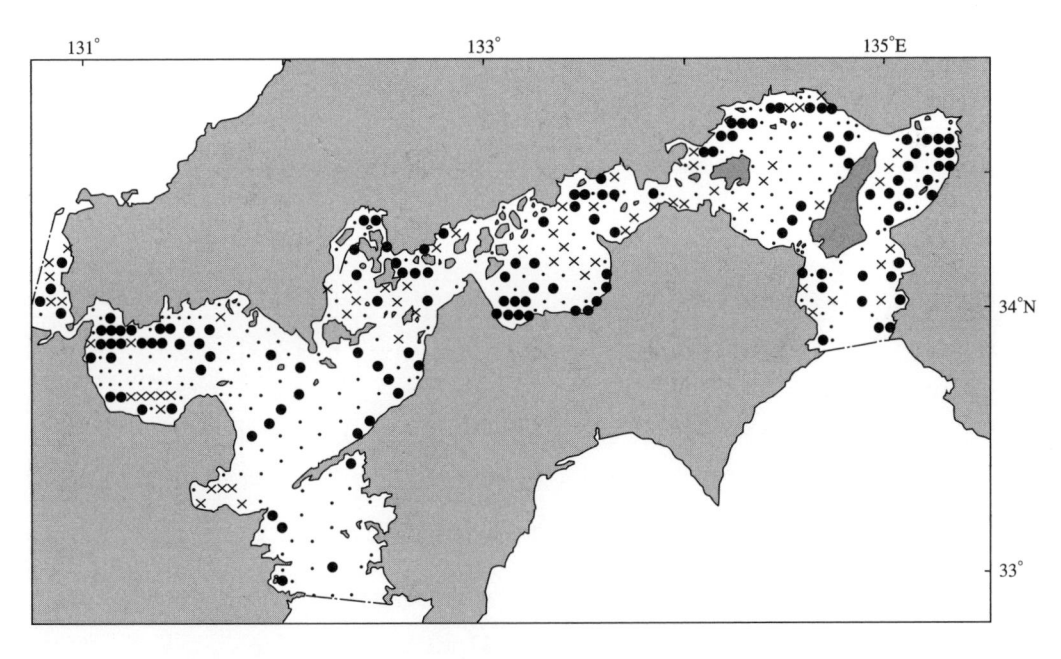

図3.10 10年間（80年代前半と90年代前半）の重金属元素の濃度変化（表層堆積物）
●3元素以上が濃度減少，×3元素以上が濃度増加

によって増減はあるものの，全体としては減少する傾向にあり，底質環境は改善の途上にあることがうかがえる．これは，事業場や下水処理場からのCOD処理対策の進展に付随してこれら重金属元素の流入負荷量が減少した効果の表れと考えられている．Hoshika et al.[10] も，1977年と1988年の大阪湾底質調査結果から，この10年間で堆積物中の有機炭素含有量や亜鉛，銅，クロムなどの重金属元素濃度が減少し，大阪湾の底質環境が全体的に改善されつつあることを示している．

3.4.2 重金属汚染の変遷

大阪湾を取り囲む臨海部の工業化，都市化は瀬戸内海の他の沿岸地域のどこよりも早い時期に，しかも大規模に進んだ．すでに1930年代には湾最奥部で硫化水素臭のする堆積物が確認されており，大阪湾における汚染は深刻化してきた．ここでは，堆積物の年代測定と重金属元素含有量の鉛直分布から，大阪湾における汚染の推移についてながめてみる．

図3.11に大阪湾奥部で採取された5 mの柱状試料について，重金属元素含有量の鉛直分布を示す．図の右側には^{210}Pb法により決定した年代を記入した．堆積物の100 cm以深の銅および亜鉛濃度はほぼ一定値を示している．その平均値は銅が20 mg/kg，亜鉛が95 mg/kgである．堆積物の100 cmの深さの年代は少なくとも1800年代初期より以前と推測されるため，この平均値はバックグラウンド値と考えられる．銅および亜鉛濃度は約80 cmの深さから40 cmの深さまで急激な増加を示し，濃度のピークは1960年代初めにみられる．濃度の増加は人間活動による汚染に由来したものであり，この深さを境に表層に向かって減少するのは流入負荷量が減少したためである．

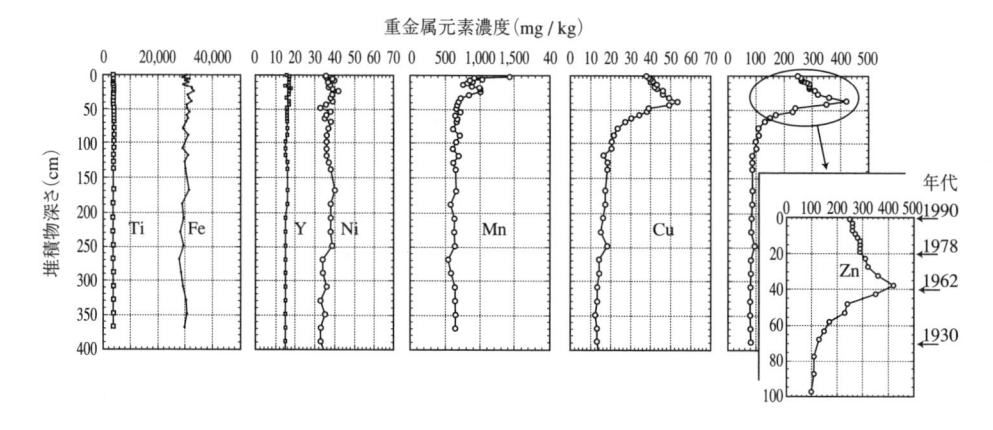

図3.11 大阪湾湾奥部における堆積物中の重金属元素濃度の鉛直分布

銅および亜鉛濃度のピーク時の値は，バックグラウンド値に対しそれぞれ2.7および4.4倍に相当している．特に亜鉛濃度は瀬戸内海の他の海域と比較して著しく大きく，大阪湾の堆積物が亜鉛に強く汚染されていたことがわかる．マンガン濃度の分布は大きくみると銅や亜鉛の分布と似ているが，しかし表層20 cmの間でその分布傾向が大きく異なっている．これは，マンガンが堆積物内の続成作用で表層に水和酸化物として濃縮されているためで，マンガンの続成

過程における特徴的な挙動としてよく知られている．

鉄濃度はほとんど一定値を示し，その値は約3.1％である．しかし，堆積物を化学的に分画処理した分析結果によれば，鉄についても堆積物表層部で汚染が認められるが，主要重金属元素である鉄はもともと堆積物中の濃度が非常に高いので，人間活動に伴う負荷があっても鉛直的な濃度分布にそれほど影響が見られていない．主要元素のチタンや，微量元素のニッケルや希土類のイットリウムなどについては，試料全体を通じて濃度の大きな変化はみられていない．

3.4.3 重金属元素の収支

閉鎖的な内海および内湾における汚染物質の動きは，汚染物質の海域への流入量，海底への堆積量そして外海への流出量との収支を明らかにすることにより理解できる．瀬戸内海は特有の海況特性をもったいくつかの灘，湾，瀬戸などに区分されている．したがって瀬戸内海における汚染物質の収支を解明しようとする場合には，これら海域を単位にしたボックスモデルで考えるのがよいが，塩分によって求められる流動混合モデルの精度を十分満足するだけの汚染物質（特に重金属元素）の水質データが揃っていないので，ここでは瀬戸内海全域を1ボックスとしたモデルで考える．

瀬戸内海のボックスモデルとして図3.12のような塩分収支モデルを考える（Hoshika et al.[10]）．外洋から瀬戸内海への流入量をXとすれば，塩分収支は，$S_{in} \cdot (Q+X) = S_{out} \cdot X$ で表される．したがって，流入量は560 km³/年となる．

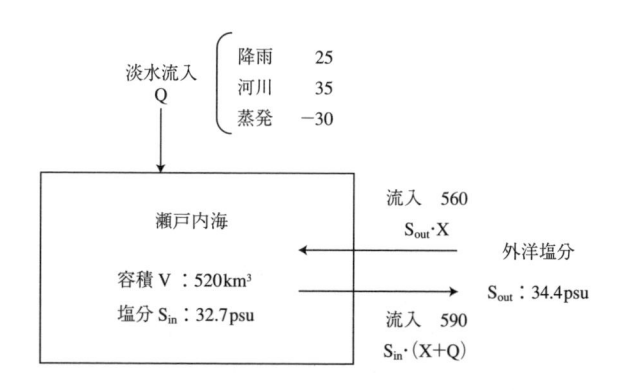

図3.12 瀬戸内海における塩分収支（km³/年）

瀬戸内海における重金属元素の収支は $L_1 + C_{out} \cdot X = L_2 + C_{in} \cdot (Q+X)$ で表される．ここで L_1 は瀬戸内海への重金属元素の流入負荷量であり，人間活動を除外した河川，降水および人間活動による負荷量の和で示される．河川および降水には人間活動による負荷は含まれないと考える．瀬戸内海海水中の銅および亜鉛の平均濃度 C_{in} は，坪田ら[11]の分析結果を海水容積で加重平均し，それぞれ0.5 μg/L および1.3 μg/L が求められる．C_{out} は外洋における濃度である（銅および亜鉛についてそれぞれ0.09 μg/L および0.08 μg/L）．L_2 は重金属元素の堆積物への負荷量である．堆積物中の元素濃度に堆積速度をかけることにより，堆積物への蓄積量

第3章 瀬戸内海の堆積速度と堆積物の重金属濃度

(堆積負荷量) が求められる．このとき，バックグラウンド値についても同じように計算することにより，堆積負荷量を人間活動による負荷量と自然負荷量とに分けて見積もることができる．その結果によると，瀬戸内海では銅や亜鉛の堆積負荷量の約50％は人間活動に由来している (Hoshika et al.[10])．したがって，内海水における濃度C_{in}のうちの約50％は人間活動によるものであり，また，外洋における濃度のうち人間活動によるものの割合はほぼ0と仮定する．

銅と亜鉛について収支を計算した結果を図3.13に示す．1980年初期の，瀬戸内海に流入する銅の負荷量は870 t/年であり，その50％が人間活動によるものである．また負荷量のうち30％が外洋へ流出し，70％が堆積物へ移行し蓄積される．瀬戸内海に流入する銅の平均滞留時間は280（瀬戸内海における銅の現存量）/870（瀬戸内海に流入する銅の負荷量）＝0.3年である．これは，瀬戸内海に流入する淡水および海水の平均滞留時間0.9年の1/3であり，瀬戸内海に流入する銅は短時間のうちに海水から除去され堆積物へと移行することを示している．ここで，人間活動が全くない自然状態での瀬戸内海における濃度を前述の式を用いて推測することができる．例えば，銅の場合，L_1（人間活動）およびL_2（人間活動）は0であるから，L_1：420 t/年およびL_2：320 t/年であり，C_{out}を0.09 μg/Lとすると，自然状態における銅の濃度C_{in}として約0.30 μg/Lが得られる．この値は現在の海水中の平均濃度の3/5程度である．

亜鉛に関しても銅の場合と全く同様に考え，結果のみ図3.13に示した．人間活動による亜鉛の流入負荷量2,100 t/年は，瀬戸内海への亜鉛の負荷量の約50％に相当している．また総流入量の20％が外洋へ流出し，80％が堆積物へ移行し蓄積されている．瀬戸内海に流入する亜鉛の滞留時間は700（瀬戸内海における亜鉛の現存量）/4,250（瀬戸内海に流入する亜鉛の負荷量）＝0.2年であり，これは銅より僅かに短い．

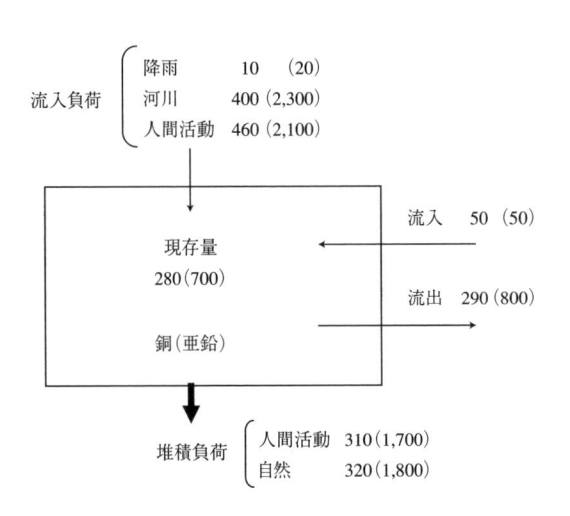

図3.13　瀬戸内海における銅と亜鉛の収支 (t/年)

3.4.4 窒素とリンの収支

瀬戸内海では富栄養化に伴う赤潮の多発や夏季の貧酸素水塊の発生が未だに続いており，その防止対策としてCODおよび窒素・リンの流入負荷削減が実施されているところである．

瀬戸内海における窒素やリンなどの栄養塩類の収支について，柳[12]の結果を紹介する．それによると，図3.14および図3.15のように瀬戸内海における人間活動・自然・大気起源の全窒素（TN）と全リン（TP）の現存量はそれぞれ，11.6万tおよび0.88万tである．したがって，人間活動・自然・大気起源のTNの瀬戸内海での平均滞留時間は8.9ヵ月，TPのそれは9.2ヵ月となり，同時に解析された河川水の平均滞留時間7.7ヵ月とほぼ等しい．このことは瀬戸内海沿岸から流入したTN・TPは瀬戸内海でほぼ保存的に挙動することを意味している．また，脱窒により海面から大気中へ出ていくTNは小さい．TNとTPの流入負荷量に対する堆積負荷量の割合はそれぞれ16％と33％であり，この値は銅や亜鉛のそれと比べてかなり小さい（3.4.3章参照）．これは，銅や亜鉛が懸濁粒子などに吸着しながら粒状態として挙動するのに対し，TPやTNは生物を介して存在形態を変えながらも，見かけ上保存的に挙動しているためであろう．

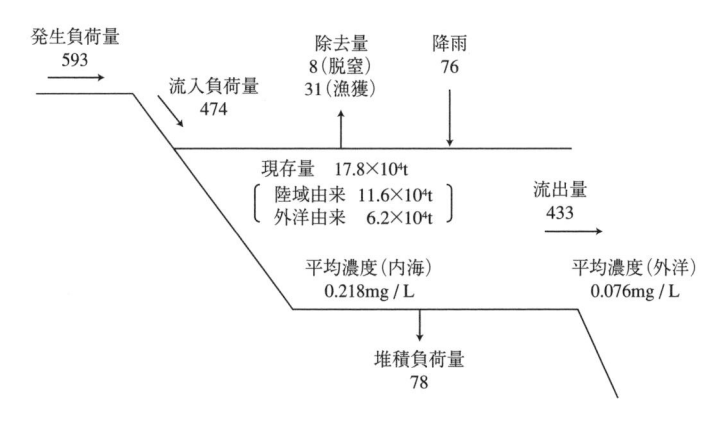

図3.14 瀬戸内海における全窒素の収支（t/日）．柳[12]を一部改変．

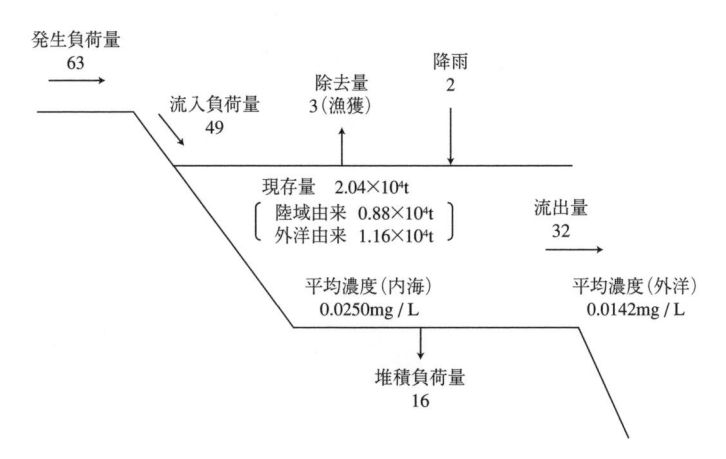

図3.15 瀬戸内海における全リンの収支（t/日）．柳[12]を一部改変．

窒素・リンに関しては，夏季に赤潮や貧酸素水塊が発生する状態をなくして，健全な漁業が営める瀬戸内海を取り戻すために，永井[13]は瀬戸内海の海域別に望ましいTN・TP濃度を提案している．この値を瀬戸内海全域で加重平均すると，望ましい瀬戸内海全域のTN・TPの平均濃度はそれぞれ0.192 mg/L，0.022mg/Lとなる．柳[12]はこの濃度を実現するためには，太平洋のTN，TP濃度がずっと変化しないと仮定すれば，TN・TPの瀬戸内海沿岸からの負荷量をそれぞれ現在の18％，27％ほど削減する必要があるが，産業排水の処理に重点をおくことで，瀬戸内海へのTN・TPの負荷量削減は十分実現可能であると指摘している．

参考資料

1) Hoshika, A. and T. Shiozawa（1987）: *J. Earth Sci*. Nagoya Univ., 35, 203-225.
2) 大嶋和雄（1980）：海峡地形に記された海水準変動の記録，第四紀研究，19，23-37．
3) 井内美郎（1982）：地質学雑誌，88，665-681．
4) 星加　章・谷本照巳・三島康史（1994）：海の研究，3，419-425．
5) 中辻啓二・山本信弘・山見晴三・室田　明（1991）：海岸工学論文集，38，186-190．
6) 湯浅一郎（2000）：中国工業技術研究所報告，19，80-101．
7) 柳　哲雄・樋口明生（1979）：沿岸海洋研究ノート，20，12-18．
8) 木村知博（1975）：水産増殖，22，110-119．
9) 駒井幸雄・古武家善成・清木　徹・永淵　修・村上和仁・小山武信・蛎灰谷喬（1998）：水環境学会誌，21，743-750．
10) Hoshika, A., Shiozawa, T., Kawana, K. and Tanimoto, T.（1991）: *Mar. Poll. Bull*., 23, 101-105.
11) 坪田博行・早瀬光司・児玉哲夫・越水　孝（1984）：文部省特別研究・環境科学報告書，3，17-28．
12) 柳　哲雄（1997）：海の研究，16，157-161．
13) 永井達樹（1996）：瀬戸内海の生物資源と環境—その将来のために—，岡市友利・小森星児・中西　弘編，恒星社厚生閣，pp.83-108．

第4章　瀬戸内海の底泥輸送

4.1 瀬戸内海全域の底泥輸送
4.1.1 はじめに

瀬戸内海のような閉鎖性海域では，海水中を輸送される汚染物質や有機物質のほとんどは海域内の海底に沈降し，表層底泥中に堆積する．しかし，表層底泥はその場に居続けるわけではなく，表層底泥そのものも流れによって輸送される[1]．表層底泥を含む沿岸海域環境を保全しようとすれば，私たちは海水，海水中の溶存・縣濁物質の輸送方向・速度のみならず，表層底泥の輸送方向・輸送速度も知っておかなければいけない．しかし，瀬戸内海の表層底泥がどのような方向に，どのような速度で輸送されているかは一切明らかにされていない．

この節では瀬戸内海全域で採取された表層底泥の中央粒径・歪度・淘汰度のデータを用いて表層底泥の輸送方向を推定し，その結果を瀬戸内海全域の流動数値モデルから計算された潮汐周期平均海底面剪断応力の方向と比較することにより，瀬戸内海における表層底泥の輸送方向，それを決めている主な要因を明らかにすることを試みる．

4.1.2 使用データ

通産省・中国工業技術試験所（現・産業技術総合研究所中国センター）は1979年から1982

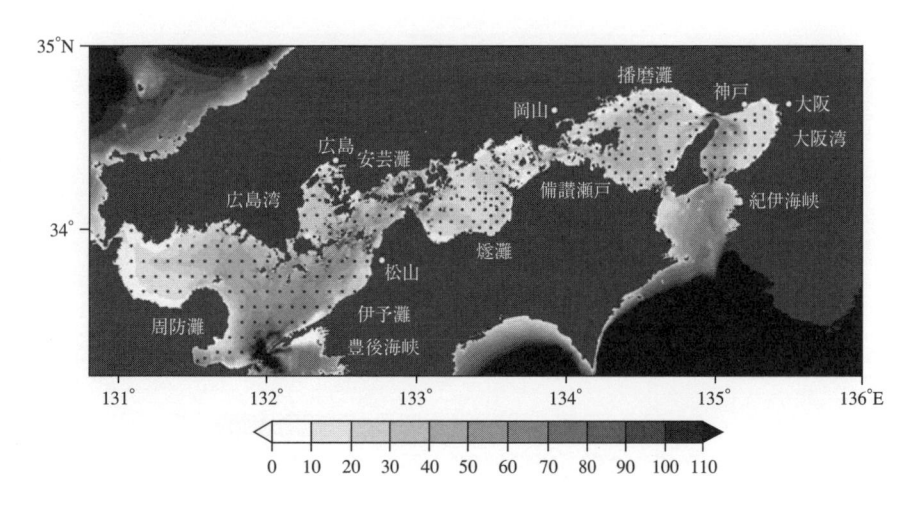

図4.1　瀬戸内海における採泥点．数字はmで表した水深を示す．

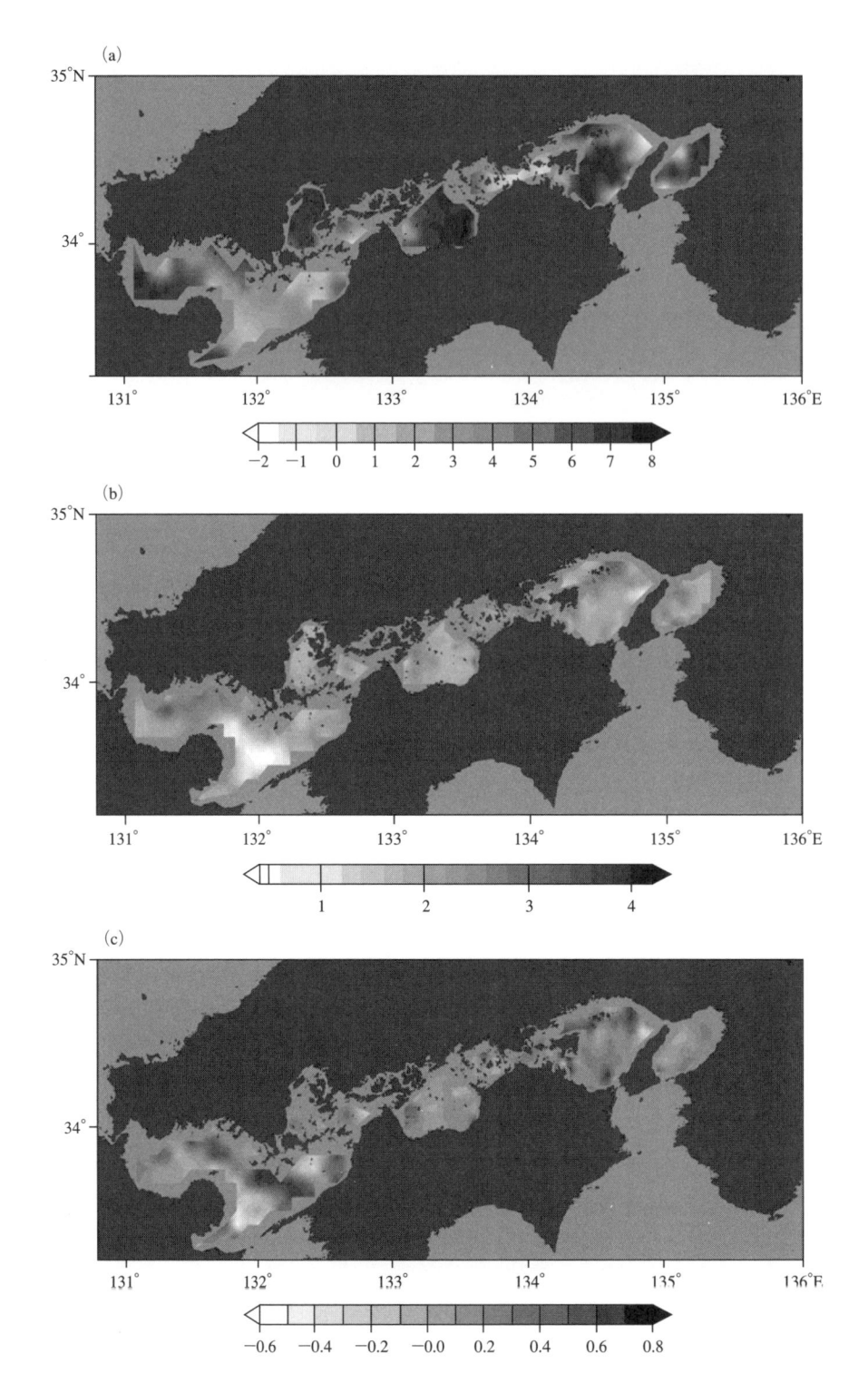

図4.2 瀬戸内海における中央粒径（a），淘汰度（b），歪度（c）の分布．

年にかけて，瀬戸内海全域を約10 kmメッシュで分割し，計250点で表層底泥を採取した（図4.1）．得られた表層底泥サンプルの解析により求められた中央粒径（Md$_\phi$），歪度（Sk），淘汰度（So）の分布を図4.2に示す[2]．

中央粒径値（median）は積算重量の50％値に相当する粒子の直径d mmをd＝(1/2)$^\phi$で表したもので，大きいMd$_\phi$値ほど中央粒径が細かいことを表している．

$$\text{Md}_\phi = \phi_{50} = -\log_2 d_{50\%} \tag{1}$$

歪度（skewness）は粒径分布の偏りを次式で表したもので，Sk＝0は粒径分布が左右対称，Sk＞0は細かい粒径に分布が偏り，Sk＜0は粗い粒径に分布が偏っていることを示す．

$$Sk = \frac{\phi_{84} + \phi_{16} - 2\phi_{50}}{2(\phi_{84} - \phi_{16})} = \frac{\phi_{95} + \phi_5 - 2\phi_{50}}{2(\phi_{95} - \phi_5)} \tag{2}$$

淘汰度（sorting）は粒子の均一性を次式で表したもので，So＞1.0は淘汰度の悪い底泥，So＜0.5は淘汰度の良い底泥を表している[3]．

$$So = \frac{\phi_{84} - \phi_{16}}{4} = \frac{\phi_{95} - \phi_5}{6.5} \tag{3}$$

得られた結果を見ると，中央粒径は潮流流速が大きい海峡付近で大きく（小さなMd$_\phi$の砂），潮流流速が小さい灘・湾中央部で小さい（大きなMd$_\phi$のシルト）（図4.2 (a)）．淘汰度は潮流流速の大きい海峡付近で良く（小さいSo），潮流流速の小さい灘・湾中央部で悪い（大きいSo）（図4.2 (b)）．粒径分布は海峡付近では粗い側に偏り（負のSk），灘・湾中央部では細かい側に偏っている（正のSk）（図4.2 (c)）．

4.1.3 解析方法

瀬戸内海の表層底泥の移動方向を推定するために，Gao and Collins（1992）[4]の方法を用いる．彼らは表層底泥輸送には以下の2つのパターンがあることを指摘している．すなわち，その第一は，1）表層底泥が輸送されるに従い，淘汰度がよくなり，中央粒径が大きくなる場合である．この場合は，歪度の値が小さくなって，粗い粒径に分布が偏る．筆者らの解釈によれば，これは流速値が次第に小さくなり，粗い粒子の輸送量が減少し，粗い粒子が多く残る場合に相当する．逆に，その第二は，2）表層底泥が輸送されるに従い，淘汰度が良くなり，中央粒径が小さくなる場合で，この場合は歪度の値が大きくなって，細かい粒径に分布が偏る．筆者らの解釈によれば，これは流速値が次第に大きくなり，粗い粒子の輸送量が増大し，相対的に細かい粒子が多く残る場合に相当する．

図4.1に示したすべての採泥観測点で，隣り合った2点間（約10 km）の底泥試料の淘汰度・中央粒径・歪度の相互関係を調べて解析し，上述したどちらかの関係が成立した場合に底泥輸送の矢印を描いた．Gao and Collins（1992）の方法[4]に関しては，採泥点が不均一に分布している場合や，海岸近くの採泥点に関しては，輸送ベクトルを平均することに問題があるという指摘もあるので[5,6]，ベクトルの平均操作は行わず，関係が成立した地点間ではすべて矢印を描いた．このとき，隣り合う2点間で，中央粒径が大きくなる1）の場合には太い黒矢印，中央粒径が小さくなる．2）の場合には太い白矢印を描いた．さらに，採泥点を1つ飛ばした2

点間（約20 km）でも同様な操作を行って，上述の関係が成立した場合には細い黒矢印か，細い白矢印を描いた．矢印が書かれていない場所は隣り合った2点間で，1），2）のどちらの関係も成立しなかった場合で，底泥輸送方向が決められなかった場所を示している．

4.1.4 結果

推定された瀬戸内海全域における表層底泥の輸送方向を図4.3（a），（b）に示す．ベクトルが描かれていない点がいくつかある．これは2点間の中央粒径・淘汰度・歪度の関係が上述した

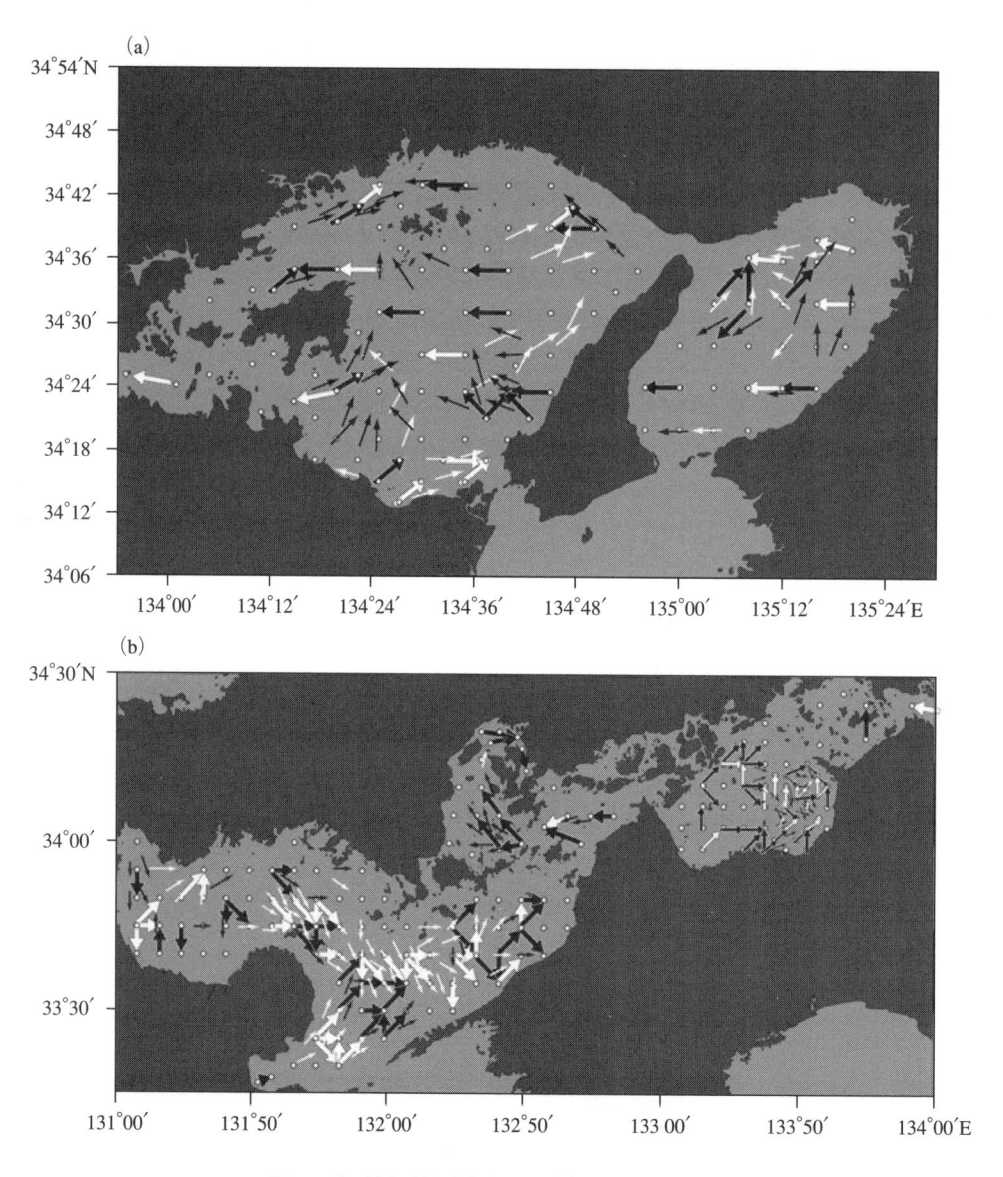

図4.3 瀬戸内海東部（a）と西部（b）の底泥輸送方向．
白矢印は下流で粒径が細かくなる輸送，黒矢印は下流で粒径が粗くなる輸送を表す．

1）と2）の関係を満たさなかったからである．このことは瀬戸内海における底泥輸送がGao and Collins（1992）[4]が想定しているような掃流による輸送だけではなく，縣濁やサルテーション（飛翔）のような輸送形態をとることを意味しているのかもしれないが，現在のところよくわからない．

図4.3の結果から，表層底泥は平均的には，瀬戸内海東部で西向き（図4.3（a））に，瀬戸内海西部で東向き（図4.3（b））に輸送されていることがわかる．1）と2）の輸送形態の特性に関しては図4.3からはよくわからない．

4.1.5 潮流と残差流に関する数値モデル

瀬戸内海全域の流動の季節変動を研究するために，潮汐や外力（風応力，河川流入，海面熱・塩収支）で駆動される3次元数値モデルが開発された．最初に開発された潮汐・潮流モデルが観測値をよく再現していることはすでに確認されている[7]．また毎月観測された水温・塩分をもとに診断モデルにより計算された毎月の残差流（潮汐残差流＋密度流）が観測された残差流をほぼ再現していることも確認されている[8]．

計算によって得られた瀬戸内海の5～8月平均表層残差流を図4.4（a）（c）（口絵参照）に示す．この図を，主に夏季に観測された残差流である図4.4（b）（d）（口絵参照）[9]と比較すると，両者はよく一致していることがわかる．すなわち，紀伊水道の反時計回りの循環流，大阪湾北部の時計回りの循環流，播磨灘北部の反時計回り，南部の時計回りの循環流，燧灘東部の反時計回りの循環流，広島湾南部の反時計回りの循環流，周防灘北東部の反時計回りの循環流，豊後水道南部の反時計回りの循環流，などが計算と観測でよく一致している．

以上の結果から，我々は図4.5（a）（b）（口絵参照）に示された，計算された瀬戸内海全域における年間平均海底直上の残差流が，現実の残差流（観測値はない）を再現したものと考えてもよいであろう．紀伊水道・大阪湾の海底直上の残差流は平均的には北向きに流れ，伊予灘・燧灘の海底直上の残差流は平均的には東向きに流れている．このような結果は海底直上の残差流の主な成分が密度流であることを示唆している．

瀬戸内海における密度流は紀伊水道・豊後水道下層から瀬戸内海内部に浸入し，備讃瀬戸で収束して上昇流となり，上層を備讃瀬戸から紀伊水道・豊後水道に向かって発散して流れるからである[10]．

4.1.6 潮汐周期平均海底剪断応力

表層底泥の輸送方向を決める潮汐周期平均海底剪断応力ベクトル（τ_b）は，計算された（$M_2 + M_4$）潮流と図4.5（a）（b）（口絵参照）に示した年間平均海底直上残差流から次式により計算できる．

$$\tau_b = \rho_w C_D \frac{1}{T} \int_0^T u \sqrt{u^2} dt \tag{1}$$

$$u = u_{M2+M4} + u_r$$

ここで，ρ_w（$= 1.022$ kg/m³）は海水の密度，C_D（$= 0.0024$）は海底摩擦係数，T（$= 12$h.

25 m.）は潮汐周期，u_{M2+M4}は潮流ベクトル，u_rは残差流ベクトルを表す．

計算の結果得られたτ_bを図4.6（a）（b）（口絵参照）に示す．τ_bの方向は残差流の流向とほぼ一致している．図4.3（a）（b）と図4.6（a）（b）を比較すると，海底面剪断応力ベクトルの方向と底泥輸送方向は，大阪湾の北東部，周防灘の東部を除いて，ほぼ一致している．この結果は海底直上の密度流が瀬戸内海全域の表層底泥輸送に最も大きな役割を果たしていることを示唆している．なぜなら海底直上の残差流の主成分は密度流だからである．

4.1.7 おわりに

以上，瀬戸内海の表層底泥は，瀬戸内海で年間平均して卓越している海底直上の密度流によって，平均的には東部で西向き，西部で東向きに輸送されていることが明らかになった．今後さらに研究を進め，底質の輸送方向のみならず，輸送速度を明らかにしたいと考えている．

4.2 大阪湾の底泥輸送変化

4.2.1 はじめに

前節では1979～1982年の瀬戸内海全域における表層底泥サンプル解析結果をもとに，瀬戸内海全域の底泥輸送方向を明らかにした．しかし，底泥輸送方向は時間的に一定ではない．海底直上の流動が変化すれば，底泥輸送方向も変化する．この節では大阪湾を例に，底泥輸送方向の時間的変化について述べる．

大阪湾では1973年の瀬戸内海環境保全特別措置法（瀬戸内海における埋め立ての原則禁止を定めている）施行以降も，1987年の関西国際空港（511ha）をはじめとして，廃棄物の最終処分場用埋め立て地を中心に，5,400haにも及ぶ埋め立てが行われ，1998年には明石海峡大橋も開通するなど，大規模開発が続いている．このような大規模開発により大阪湾の流速や流動パターンが変化し，湾内の物質輸送や水質・底質環境は変化したことが予想される．

大阪・神戸のM_2潮汐振幅は1960年代前半から1990年代にかけて約2.0cm減少したことが報告されているが[11]，それに伴って大阪湾の流速・水質・底質分布がどのように変化したかは明らかにされていない．

本節の目的は，関西空港と明石海峡大橋建設以前の1982年8月と，それらが完成した後の2003年10月に，大阪湾内の27点（1982年）と28点（2003年）で採取された表層底泥の中央粒径・歪度・淘汰度を解析して，両年における大阪湾内の底質分布・底泥輸送方向の変化を明らかにすることである．

4.2.2 表層底泥調査

1979～1982年に瀬戸内海全域において10kmメッシュでSM（スミス・マッキンタイヤー）採泥器により採取された表層底泥試料[2]のうち，1982年8月に大阪湾内の27点（図4.7（a））で採取された試料について，中央粒径値（Md_ϕ）・歪度（Sk）・淘汰度（So）を求め，その水平分布を描いた（図4.8（a），（b），（c））（口絵参照）．

4.2 大阪湾の底泥輸送変化

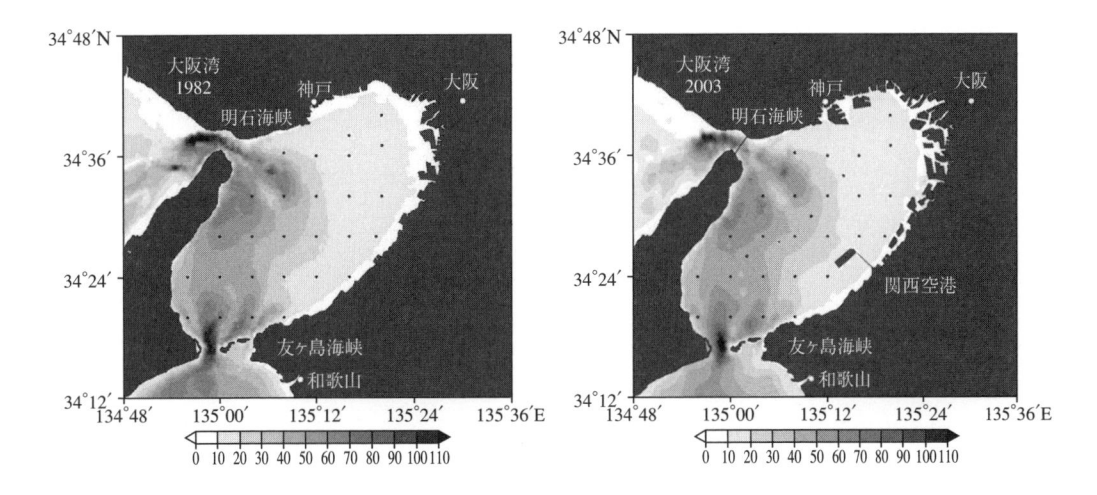

図4.7　大阪湾における1982年（a）と2003（b）年の表層底泥採取点．数字はmで表した水深を示す．

谷本ら（1984）[2)]の調査以降，埋め立てや長大橋の建設などの大規模開発が進められた大阪湾の沿岸開発により生じた底質分布・底泥輸送方向の変化の有無を明らかにするために，1982年の調査地点と同じ調査地点を含む28点（図4.7（b））で調査を行った．すなわち，ほぼ同じ季節の2003年10月にSM採泥器を用いて表層底泥を採取し，中央粒径・歪度・淘汰度を求めた．そして，その水平分布を描き（図4.8（d），（e），（f）），それぞれのパラメータの2003年と1982年の差を求めた（図4.9（a），（b），（c）（口絵参照））．

4.2.3　結果と議論
(1) 底質分布

1982年のMd_ϕ分布は，明石海峡と友ヶ島水道付近に粗い（$Md_\phi \fallingdotseq 2$）粒子が，大阪湾奥部に細かい粒子（$Md_\phi \fallingdotseq 8$）が分布していて，友ヶ島水道付近には$Md_\phi < 0$の礫も存在していたことを示している（図4.8（a）（口絵参照））．歪度に関しては明石海峡から大阪湾中央部にかけて-0.1から0.1の値が見られ，ほぼ対称の粒径分布をしていたが，友ヶ島水道から湾東部，さらに湾奥にかけてはSk=0.2～0.5の値が見られ，細かい粒径に分布が偏っていた（図4.8（b）（口絵参照））．淘汰度は大阪湾奥部から湾東部，湾中央南部にかけてSo<2の淘汰度の良い底泥，それ以外の場所では2<So<3の淘汰度の悪い底泥が分布していた（図4.8(c)（口絵参照））．

2003年のMd_ϕ分布は1982年のそれとほとんど同様である（図4.8（d）（口絵参照））．Md_ϕの絶対値の違い（図4.9（a）（口絵参照））については後述する．一方，2003年の歪度は明石海峡付近でSk=-0.5の値が見られ，粒径分布が粗い方に偏り，湾奥部，湾中央部，湾南西部にはSk=0.4～0.5の値が見られ，粒径分布が細かい方に偏って，1982年と比較すると粒径分布の偏りが大きくなっていた（図4.8（e）（口絵参照））．淘汰度に関しては湾奥部から湾東部，湾中央南部にかけたSo<2の領域の面積が小さくなり，友ヶ島水道付近ではSo=4.0の値も見られて，全体型に淘汰度が悪くなっていた（図4.8（f）（口絵参照））．

2003年のMd$_\phi$, Sk, Soのそれぞれの値から1982年の値を引いて，その差の分布を図4.9に描いた．中央粒径の差に関しては大阪湾中央部で負，友ヶ島水道付近で正の値となっていて，大阪湾中央部では中央粒径が粗くなり，友ヶ島水道付近では中央粒径が細かくなっていた．歪度の差は湾中央部では正（細かい方に粒径分布が移った），友ヶ島水道付近で負（粗い方に粒径分布が移った）になっていた．淘汰度の差はほとんどの海域において正で，淘汰度が悪くなっていた．

以上の結果は，1982年から2003年にかけての大阪湾周辺の大規模開発により，大阪湾中央部の流速は速くなって中央粒径が粗くなったこと，友ヶ島水道付近では流速が遅くなって中央粒径が細かくなったこと，を示している．さらに，淘汰度が悪くなっていることから，大阪湾底質の粒径分布の遷移は今なお続いていることを示している．

(2) 底泥輸送方向

4.1節の瀬戸内海全域と同様にGao and Collins (1992)[4]の方法により表層底泥の輸送方向を推定した．すなわち，以下の2つの場合に輸送ベクトルを描く．1) 表層底泥が輸送されるに従い，淘汰度が良くなり，中央粒径が大きくなる場合である．この場合は，歪度の値が小さくなって，粗い粒径に分布が偏る．2) 表層底泥が輸送されるに従い，淘汰度が良くなり，中央粒径が小さくなる場合で，この場合は歪度の値が大きくなって，細かい粒径に分布が偏る．

図4.7に示したすべての採泥観測点で，隣り合った2点間（約10 km）の底泥試料の淘汰度・中央粒径・歪度の相互関係を調べて解析し，上述したどちらかの関係が成立した場合に底泥輸送の矢印を描いた．このとき，隣り合う2点間で，中央粒径が大きくなる1)の場合には太い黒矢印，中央粒径が小さくなる2)の場合には太い白矢印を描いた．さらに，採泥点を1つ飛ばした2点間（約20 km）でも同様な操作を行って，上述の関係が成立した場合には細い黒か，細い白矢印を描いた．矢印が書かれていない場所は隣り合った2点間，1つ飛ばしの2点間で，1)，2)のどちらの関係も成立しなかった場合で，底泥輸送方向が決められなかった場所を示している．

1982年の表層底泥輸送方向を図4.10 (a) に示す．所々で逆方向を向いた矢印もあるが，平均的に見ると，表層底泥は大阪湾中央東部で北上し，大阪湾奥部で海岸線に沿うように西方向へ進路を変え，明石海峡へと輸送されていた．また，大阪湾南部では西方向に輸送されていた．大阪湾中央東部における北向き輸送は，黒ベクトルで示されていて，湾奥へと輸送されるに従い粗い粒径の粒子が多く残されていた．これは潮流流速が湾奥にいくに従って小さくなる[12]ことに対応していると考えられる．一方湾北部の西向きの輸送は，白ベクトルで示されていて，明石海峡へ近づくにつれて細かい粒子が多く残されていた．これは潮流流速が明石海峡に近づくに従い大きくなる[12]ことに対応していると考えられる．

2003年は図4.10 (b) に見られるように，1982年と同様に所々で逆方向を向いた矢印もあるが，平均的に見ると，大阪湾北部の輸送傾向は東部で北東向き，西部で西向きとなっていて，1982年とほとんど変わっていない．しかし，大阪湾南部の輸送方向は大きく変化していて，大阪湾南東部，関西空港南部から放射状に輸送される経路が新たに見られた．大阪湾北部の輸送は，主に白抜きベクトルで示されていて，細かい粒子が多く残されるケースであった．逆に，

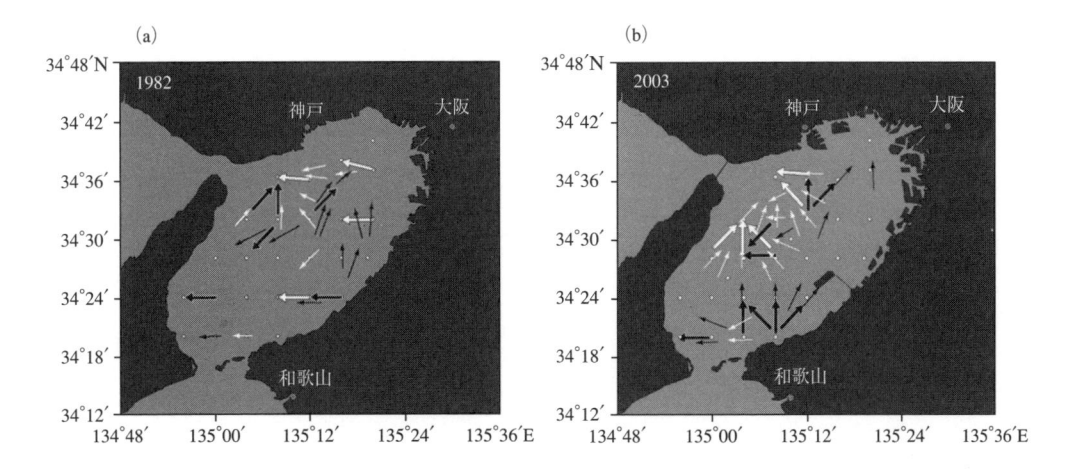

図4.10 大阪湾における1982年（a）と2003年（b）の表層底泥の輸送方向．

大阪湾南部の輸送は主に黒ベクトルで示されていて，粗い粒子が多く残されるケースであった．

　底質分布変化と底泥輸送変化の関連について考察する．1982年に対して2003年には，大阪湾中央部～北部では白の北向き～南西向き矢印が増加していて，中央粒径が粗くなる底泥輸送が顕著になっていた．大阪湾中央部では2003年に流速が速くなり，中央粒径は粗くなり（図4.9（a）（口絵参照）），1982年より多くの粗い粒子が明石海峡に向かって輸送されるようになってきた．その結果大阪湾中央部では相対的に細かい粒子が残され，歪度は細かい方に偏った（図4.9（b）（口絵参照））と考えられる．また大阪湾南部では黒抜きの北向き矢印の増加で示されるように，2003年には中央粒径が細かくなる底泥輸送が顕著になっていた．友ヶ島水道付近では2003年に流速が遅くなり，中央粒径は細かくなり（図4.9（a）），1982年より多くの細かい粒子が大阪湾中央部に向かって輸送されるようになってきた．その結果，友ヶ島水道付近では相対的に粗い粒子が残され，歪度は粗い方に偏った（図4.9（b））と考えられる．

4.2.4　おわりに

　以上の解析の結果，1982年から2003年にかけての大阪湾周辺の大規模開発に伴い，大阪湾中央部では流速が速くなり，そこでは中央粒径が粗くなったこと，友ヶ島水道付近の流速は遅くなり，そこでは中央粒径が細かくなったことが明らかとなった．大阪湾中央部の流速の増大は，大阪・神戸でM_2潮汐振幅が小さくなった[11]ことから予想される潮流流速の減少とは，定性的には異なる推定結果である．

　2003年8月8日には大きな台風10号が大阪湾の真上を通過したので，2003年10月の底質分布には台風による底質攪乱の影響が残っていた可能性がある．そのような疑問点も含めて，今後1982年と2003年の大阪湾の潮流・残差流の変化を正確に再現する3次元数値モデルを作成し，限界掃流力の変化[13]や底質移動の変化に関する計算を行って，今回明らかにした底質分布・底泥輸送の変化の理由を定量的に明らかにしたいと考えている．

第4章　瀬戸内海の底泥輸送

参考文献

1) Inouchi, Y.（1982）：*J. Geological Soc. Japan*, 8, 665-681.
2) 谷本照巳・川名吉一郎・山岡到保（1984）：中国工業技術試験所報告，21，pp.1-11.
3) Folk, R. L. and W. C. Ward（1957）：*J. Sediment. Petrology*, 27, 3-26.
4) Gao, S. and M. Collins（1992）：*Sediment Geol.*, 80, 47-60.
5) Roux, J. P.（1994）：*Sediment. Geol.*, 90, 153-156.
6) Gao, S. and M. Collins（1994）：*Sediment. Geol.*, 90, 157-159.
7) Guo, X., Harai, K., Kaneda, A. and H. Takeoka（2007）：*Journal of Oceanography.*（to be submitted）
8) Chang, P.-H., Guo, X. and H. Takeoka（2008）：*Proceedings of 14th PAMS / JECSS Workshop*, 252-255.
9) 柳　哲雄・樋口明生（1979）：沿岸海洋研究ノート，16，123-127.
10) Murakami,M., Y.Oonishi and H.Kunishi.（1985）：*J. Oceanogr. Soc. Japan*, 41, 213-224.
11) 吉田みゆき・高杉由夫（2001）：海の研究，10，123-135.
12) 柳　哲雄・樋口明生（1980）：沿岸海洋研究ノート，17，145-150.
13) 柳　哲雄・藤家　亘・塚本秀史・鎌田泰彦（2004）：沿岸海洋研究，42，67-71.

第5章　瀬戸内海の底質・ベントスの変化

5.1　はじめに

　環境省は，1981年度を起点として1991年度，および2001年度からそれぞれ4～5年をかけて計3回の瀬戸内海環境情報基本調査を実施し，底質中のTOC，窒素，リン，およびベントスなどの分布状況を調べている[1～3]．本章では，これら3回の調査結果を取りまとめた総合解析報告書[3]に基づいて，瀬戸内海の底質およびベントスの現況と，1980年代から20年間における変化状況について述べる*．

5.2　調査方法

　調査地点は，瀬戸内海を北緯35°東経135°の地点を基準にして3分メッシュに区切り，原則として各メッシュの中央に設定し，採泥が不可能な場合にはその近辺に移動させた．調査地点の位置はGPS（FURUNO GP-1800MARK-2）により定め，調査中の位置の変動は15m以内であった．

　調査はいずれも8月に実施した．調査地点数は，第1回調査では843地点，第2回および第3回調査では第1回調査地点のほぼ1つおきの425地点（紀伊水道28地点，大阪湾31地点，播磨灘68地点，備讃瀬戸28地点，備後灘15地点，燧灘33地点，安芸灘15地点，広島湾23地点，伊予灘45地点，周防灘92地点，豊後水道29地点，別府湾8地点，響灘10地点）である．本報では，3調査の共通地点のみを解析の対象とした．

　底質は，スミス・マッキンタイヤ型採泥器により表層泥を採取した．外観，夾雑物，色，臭気，泥温，酸化還元電位などの現場観測項目を測定後，表層5cmを取り分けて冷蔵保管し，各実験室に搬送して分析を行った．

　物理・化学分析項目は，含水率，粒度組成，強熱減量（IL），COD，全リン（T-P），全窒素（T-N），全有機炭素（TOC），および検知管法による全硫化物（T-S）である．CODとT-Sは湿泥で分析し，乾泥に換算した．分析方法は，第1回調査と第2回調査および第3回調査では方法が異なったCODを除いてすべて同一方法である[1～3]．なお，第2回調査ではT-Sの測定をしなかった．

＊　瀬戸内海沿岸11府県環境研メンバーによるワーキンググループが作成した，第3回瀬戸内海環境情報基本調査（総合解析編）[3]を基に，著者の責任で追加・削除などをしたものである．

マクロベントスの採取は，スミス・マッキンタイヤ型採泥器により行なった．採泥面積は0.1 m²である．採泥後，1 mmのステンレスふるいによりふるい分けし，直ちに夾雑物と共に10％中性ホルマリンで固定して持ち帰り，マクロベントスについて同定し，各地点の種類，および個体数を求めた．

5.3 結果と考察

第1～3回の調査結果をまとめて表5.1に示す．以下では，現況として第3回調査結果における底質とベントスの水平分布について述べる．

表5.1 瀬戸内海表層底質の調査結果

項目		最大値	最小値	平均値	分散	標準偏差	変動係数（％）	地点数
礫含有率（％）	1回目	70.5	0	3.7	106	10.3	277	410
	2回目	80	0	4.0	114	10.7	264	410
	3回目	93	0	3.8	105	10.3	269	410
砂含有率（％）	1回目	98.5	0	38.8	1060	32.6	84.1	410
	2回目	99.4	0.1	40.6	1030	32.1	79.0	410
	3回目	99.6	0	40.9	1090	33.1	80.8	410
シルト含有率（％）	1回目	93.9	0	31.9	458	21.4	67.0	410
	2回目	95.7	0	32.8	587	24.2	73.9	410
	3回目	84.1	0	29.8	390	19.8	66.3	410
粘土含有率	1回目	84.7	0	25.6	379	19.5	76.1	410
	2回目	87.9	0	22.5	423	20.6	91.3	410
	3回目	73.9	0	25.5	422	20.5	80.6	410
含泥率（％）	1回目	100	0	57.5	1310	36.1	62.8	410
	2回目	99.9	0.2	55.2	1260	35.5	64.2	410
	3回目	99.8	0.1	55.3	1300	36.0	65.2	410
Eh（mV）	1回目	410	－170	23.7	8360	91.4	387	408
	2回目	846	－167	51.4	27500	166	322	408
	3回目	403	－271	13.0	30200	174	1330	408
IL（％）	1回目	16.1	1.2	6.9	10.0	3.17	45.8	410
	2回目	19	0.7	6.7	9.77	3.13	47.0	410
	3回目	18	0.7	6.5	9.34	3.06	46.9	410
COD（mg／g）	1回目	48.1	0.2	16.5	114	10.7	64.6	410
	2回目	35	0.1	11.7	68.0	8.25	70.8	410
	3回目	37	0.3	12.0	63.0	7.94	66.2	410
T-P（mg／g）	1回目	0.76	0.07	0.42	0.0278	0.167	39.8	410
	2回目	1.1	0.06	0.42	0.0236	0.154	36.9	410
	3回目	1.6	0.06	0.41	0.0255	0.160	39.1	410
T-N（mg／g）	1回目	3.51	0.00	1.41	0.844	0.918	65.4	410
	2回目	3.50	0.01	1.40	0.844	0.919	65.8	410
	3回目	3.50	0.01	1.32	0.730	0.854	64.9	410
TOC（mg／g）	1回目	30.4	0.1	11.8	54.2	7.36	62.3	410
	2回目	36.0	0.2	12.2	63.5	7.97	65.5	410
	3回目	31.0	0.3	10.9	50.8	7.13	65.3	410
T-S（mg／g）	1回目	2.19	＜0.01	0.13	0.0542	0.233	176	410
	2回目	—	—	—	—	—	—	—
	3回目	1.70	＜0.01	0.16	0.0567	0.238	146	410

CODの第1回目は，第2回目および第3回目と分析方法が異なるので比較ができない．

5.3.1 底質の現況

（1）粒度組成

底質の粒径区分はWentworth（1922）[4]に従い，直径2 mm以上を礫，0.063～2 mmを砂，0.004～0.063 mmをシルト，0.004 mm以下を粘土としてそれぞれの質量%を求め，シルトと粘土の合計の割合を含泥率とした．

含泥率の水平分布を図5.1（a）（口絵参照）に示す．含泥率は0.1～99.8 %で平均値は53.6 %であった．含泥率70 %以上の地点は全体の42.6 %を占めており，紀伊水道西部，大阪湾奥部，播磨灘北西部，および中・南部，燧灘中・東部から備後灘にかけての海域，広島湾と周防灘の北東部，および南西部一帯，および別府湾に広く分布していた．このように含泥率が高い地点は 各湾・灘の奥部や中央部など流れの緩やかな海域に分布していた．一方，含泥率10 %未満の地点は全地点の18.6 %を占めており，明石海峡，備讃瀬戸などの海峡部，安芸灘，豊後水道から伊予灘，周防灘南東部，および響灘に分布しており，いずれも砂含有率の高いところであった．

（2）強熱減量（IL）

ILの水平分布を図5.1（b）（口絵参照）に示す．全地点をILが4 %未満，4～8 %未満，および8 %以上の3段階に分けると，それぞれ24.9 %，42.4 %，32.7 %を占めていた．4 %未満は，紀伊水道西部，明石海峡付近，播磨灘南西部，備讃瀬戸，安芸灘南部，伊予灘北東部・南西部，豊後水道中央部，および響灘に分布し，いずれも流れが速く底質は礫～砂質によって構成されている．一方，8 %以上の海域は，大阪湾，播磨灘北部・中央～南部，燧灘中央～東部，広島湾，周防灘西部，および別府湾に分布しており，シルトや粘土からなる泥質物が広く分布する海域で高い傾向にあった．ILが12 %以上の地点は全体の5.2 %を占めており，大阪湾，広島湾，および別府湾の各奥部に分布していた．いずれも閉鎖度が高く湾奥への汚濁負荷が大きい海域という特徴がある．

（3）全リン（T-P）

T-Pの分布を図5.1（c）（口絵参照）に示す．T-Pが0.15 mg/g未満の地点は全体の6.1 %を占め，紀伊水道中央部，播磨灘東部，備讃瀬戸一帯，伊予灘北東部，および響灘中央部の砂含有率の高い海域に分布していた．0.60 mg/g以上の地点は全体の8.5 %を占めており，大阪湾奥部，広島湾奥部，周防灘南西部，および別府湾に比較的まとまって分布し，播磨灘北部沿岸，紀伊水道の和歌山県側と徳島県側，および備後灘に点在していた．

（4）全窒素（T-N）

T-Nの水平分布を図5.1（d）（口絵参照）に示す．T-Nが0.5 mg/g未満の値を示す地点は全体の22.4 %を占めており，播磨灘東部，備讃瀬戸，安芸灘南部，伊予灘南東部，豊後水道，および響灘に分布していた．なかでも豊後水道を通って流入する外洋水の流れに沿った海域（豊後水道，伊予灘）は低い傾向が見られたが，豊後水道と同じく外洋に接する紀伊水道の中央部は0.5～0.8 mg/gと豊後水道よりやや高い濃度であった．

2 mg/g以上の高い値を示す地点は全体の27.5 %を占めており，大阪湾，播磨灘の沿岸域と中央部，備後灘東部，燧灘東部，広島湾，周防灘の北東部と南西部，および別府湾に広く分布

していた．この他，豊後水道の愛媛県側の1地点で2 mg/g，播磨灘，広島湾，および別府湾には3.0 mg/g以上を示す地点が見られた．

（5）全有機炭素（TOC）

TOCの水平分布を図5.1 (e)（口絵参照）に示す．TOCが10 mg/g未満の地点は全体の48.9％を占め，紀伊水道，播磨灘東部，備讃瀬戸，安芸灘，伊予灘，豊後水道，および周防灘中央部に広く分布していた．10 mg/g未満の地点は，備讃瀬戸，安芸灘，伊予灘，および豊後水道に見られた．20 mg/g以上を示す地点は13.9％を占め，大阪湾東部，播磨灘の北部と中央部，備後灘東部から燧灘東部にかけての海域，広島湾，周防灘の北東部と南西部，および別府湾に多く分布していた．なお，図では示していないがCODはTOCと同様の分布傾向を示した．

（6）全硫化物（T-S）

T-Sの分布図を図5.1 (f)（口絵参照）に示す．T-Sが0.15 mg/g未満の地点は全体の68.2％を占め，紀伊水道，安芸灘，伊予灘，豊後水道，響灘を中心に瀬戸内海全域に広がっていた．一方，0.15 mg/g以上の海域は，大阪湾，播磨灘北部と中央部，広島湾，周防灘南西部，燧灘東部，および別府湾であった．このうち0.60 mg/g以上を示す地点は全体の7.1％を占めるに過ぎないが，大阪湾東部，播磨灘沿岸部，周防灘南西部に分布しており広島湾においても1地点で見られた．いずれの海域も潮流は弱いとされ海水が停滞しやすいという特徴を有し，泥質であり汚濁物質が大量に堆積していた．T-SはEhとよく関連しており，Ehの値が－100 mV未満の地点とT-Sが0.15 mg/g以上の地点とはほぼ一致していた．このような海域では，成層期には底層への酸素供給がほとんどされないため，底質付近の酸素が消費されて嫌気的環境になりやすく硫酸還元菌の活性が高まることにより，底質中のT-Sが高くなると考えられる．

5.3.2 含泥率と各項目間の関係

含泥率と有機物関連項目（IL，COD，T-P，T-N，TOC）との関係をみると，各湾・灘でやや傾向は異なるが，全体として強い相関関係が認められた．5.3.1の結果からわかるように，例えばTOCは含泥率が多い泥質の海域ほど多く，砂質の海域では少なかった．他の項目についても同様の傾向が認められた[3]．前者は，大阪湾，広島湾，別府湾のように閉鎖度が強く流れが弱い海域であり，有機物とシルト・粘土の微細粒子が共に沈降・堆積していることがわかる．加えて大きな汚濁負荷が存在すれば，それを反映して底質中の濃度はさらに増加することになる．後者としては伊予灘，豊後水道，安芸灘が挙げられる．また，燧灘は含泥率が高いところでも有機物含有量が比較的少ないという特徴が見られた．

含泥率とT-Sの関係では，含泥率が50％まではT-Sは概ね0.01 mg/g以下であり，それ以上では濃度が急激に高くなる傾向にあるが，中には低濃度地点もあるように地点によってばらつきが大きかった．含泥率50％以下でT-Sが0.1 mg/g以上を示したのは周防灘の地点であった．

5.3.3 第1回，第2回，および第3回調査における底質の変化

表5.1に基づいて各調査における結果を比較した．第1回調査結果に比べて第2回調査結果では，IL，T-P，およびTOCの最大値は増加したが，平均値には大きな変化は認められなかっ

5.3 結果と考察

た．第2回調査と第3回調査の間では，第3回調査におけるT-Pの最大値は増加し，TOCの最大値と平均値は減少したが，最小値は逆に増加した．第1回調査と第3回調査を比較すると，第3回調査におけるT-Sの最小値に変化はなく最大値は2割強ほど減少したものの平均値は増加し，TOCの最小値は増加したものの平均値としては減少した．

次に各調査間の変化状況を統計的に検討するために，対応のある2組の平均値の差の検定を行った結果を表5.2に示す．第1回調査と第2回調査の間では，粘土含有率と含泥率が危険率1％で有意な減少をしたが，Ehは危険率1％で有意な値の増加を示し，砂含有率は危険率5％で有意な増加が認められた．第2回調査と第3回調査の間では，シルト含有率，粘土含有率，Eh，T-N，およびTOCは危険率1％で有意に減少しており，Ehは値の低下が認められた．第1回調査と第3回調査の間では，砂含有率とT-Sは危険率1％で有意に増加し，シルト含有率，含泥率，IL，T-N，およびTOCについては，危険率1％で有意に減少した．また，Ehは危険率5％で有意な値の低下が認められた．

表5.2 瀬戸内海表層底質の対応する2組の平均値の差の検定結果

調査項目	試料数	第1回と第2回調査 t値	判定	第2回と第3回調査 t値	判定	第1回と第3回調査 t値	判定
礫含有率	410	0.653		0.507		0.184	
砂含有率	410	2.416	*	0.483		2.613	**
シルト含有率	410	1.042		3.987	**	2.973	**
粘土含有率	410	4.248	**	3.835	**	0.226	
含泥率	410	3.073	**	0.024		3.105	**
Eh	408	3.539	**	6.331	**	2.189	*
IL	410	1.937		1.076		4.089	**
COD	410			1.568			
T-P	410	0.388		1.691		1.775	
T-N	410	0.346		3.552	**	4.620	**
TOC	410	1.652		5.848	**	5.038	**
T-S	410					2.672	**

(Eh以外の項目)
試料数 410　自由度 818
* ：5％の危険率で有意差あり．t (818, 0.05/2) = 1.963
** ：1％の危険率で有意差あり．t (818, 0.01/2) = 2.582
(Eh)
試料数 408　自由度 814
* ：5％の危険率で有意差あり．t (814, 0.05/2) = 1.963
** ：1％の危険率で有意差あり．t (814, 0.01/2) = 2.582
* T-Sの測定を第2回調査では行わなかったため，第2回調査を含む平均値の差の測定はできない．
* CODについては第1回調査の測定法が第2回調査および第3回調査とは異なるため，第1回調査とは比較できない．

以上のように，1980年代前半から2000年代前半のほぼ20年間における底質変化は各湾・灘によって一様ではなく，中間の第2回調査結果とは逆転した場合も見られた．一方，瀬戸内海全体では，第1回調査に比べて第3回調査の結果のうち，IL，T-N，およびTOCの平均値はいずれも統計的に有意に減少し，T-Pについても統計的に有意ではないが0.419 mg/gから0.407 mg/gに減少していた．このように，瀬戸内海底質中の有機物と栄養塩の濃度は減少し

ており，底質は改善傾向にあることを示していた．

　第1回調査と第3回調査におけるT-Sの変化を見ると，大阪湾，広島湾，周防灘，別府湾などでは算術平均値および中央値のいずれも増加し，播磨灘，燧灘および備後灘では減少したが，瀬戸内海全域としてはやや増加していた．山本ら[5]は，ILが5％以上，Ehが＋200 mV以下では硫酸還元が進行すると述べている．本調査結果ではILが5％以上でEhが＋50 mV以下の場合にT-Sが検出されており，Ehは山本らの指摘よりも低い値であり，周防灘のようにILが2.5％でも0.1 mg/gのT-Sが検出された海域があった．

　瀬戸内海の底質は総じて改善傾向にあるとはいえ，ILの平均値は6.5％で泥質域では7.5％以上であるように，底層の貧酸素化が起これば硫酸還元菌が活発に活動できる有機物が存在している．本調査が底層の貧酸素化が生じやすい8月という時期に実施されていることを考えると，過去20年間の比較においてEhの低下とT-Sの増加を単純に底質の悪化とみなすことは難しい．後述するように，瀬戸内海の底層のDOは概ね横ばいであり，T-Sが大きく増加した大阪湾や周防灘の場合も同様である．長期的にみて底層の酸素濃度に変化はないとすれば，第3回調査におけるT-S濃度の増加は，年間の変動の範囲内であるかもしれない．

　粒度組成の平均値を見ると，砂含有率はやや増加し，シルト含有率がその分減少し，礫含有率と粘土含有率はほぼ同じであるため，含泥率としてはやや減少している．水質汚濁の進行は，結果的に有機物などと共に微細粒子の沈降を促進すると思われるので，含泥率の減少は水域環境の改善との反映と推察される．

5.3.4　マクロベントス
（1）分布の現況

　マクロベントスの種類数，個体数および多様度指数（H'）の水平分布図を，図5.2（a）〜5.2（c）（口絵参照）に示す．マクロベントスの総出現種数は，豊後水道の221種類を最高に，周防灘（209種類），伊予灘（205種類），安芸灘（202種類），備讃瀬戸（180種類），播磨灘（164種類），大阪湾（122種類），紀伊水道（99種類），備後灘（93種類），広島湾（81種類），燧灘（72種類），響灘（62種類）であり，別府湾は25種類と最も少なかった．平均個体数は，備讃瀬戸（362個体/0.1 m^2）が最も多かった．これは，備讃瀬戸の1地点において有機汚濁種のホトトギスガイが4,594個体/0.1 m^2，4地点で節足動物のフクロスガメが250〜769個体/0.1 m^2出現したように，特定の種が多数生息していたためである．ついで，紀伊水道（135個体/0.1 m^2）が多く，徳島県側の2地点（松茂地先）で節足動物のクビナガスガメがそれぞれ700個体/0.1 m^2と2,100個体/0.1 m^2出現したことで，平均個体数を押し上げたものである．この2海域を除くと，安芸灘（100個体/0.1 m^2），備後灘（52個体/0.1 m^2），伊予灘（43個体/0.1 m^2），豊後水道（44個体/0.1 m^2），大阪湾（36個体/0.1 m^2），燧灘（35個体/0.1 m^2），響灘（32個体/0.1 m^2），周防灘（27個体/0.1 m^2），播磨灘（23個体/0.1 m^2），広島湾（15個体/0.1 m^2），および別府湾（6個体/0.1 m^2）の順となった．

　総出現種類数の増加に対応して平均個体数は増える傾向にあるが，100種類以上が出現した湾・灘の平均個体数は約50個体/0.1 m^2で頭打ち状態を示した．しかし，202種類が出現した

安芸灘の平均個体数は100個体/0.1 m²と多かった．特定種が多く出現した地点のある備讃瀬戸の場合は，これらの地点を除いても平均個体数は約100個体/0.1 m²となり，安芸灘に近い値となっていた．一方，別府湾は，総出現種数および平均個体数のいずれも瀬戸内海の中で最も少ない海域であった．また，多様度指数と種類数の関係では，ほとんどの湾・灘においてよく似た分布傾向を示した．

次に，平均種類数，多様度指数，および有機汚濁指標種個体数比を変数としたクラスター分析を行った結果を図5.3に示す．この結果，瀬戸内海の各湾・灘は大きく，①マクロベントスの豊かな安芸灘，②中間に位置し主に砂質域が広がる備讃瀬戸，豊後水道，伊予灘，および響灘，③中間に位置し砂質域と泥質域が分布する備後灘，周防灘，播磨灘，燧灘，および紀伊水道，④マクロベントスの貧弱な大阪湾，広島湾，および別府湾，の4つのグループにわけることができた．

①マクロベントスが豊かな海域 — 安芸灘

②マクロベントスが比較的豊かな海域 — 備讃瀬戸／豊後水道／伊予灘／響灘

③マクロベントスが中程度の海域 — 備後灘／周防灘／播磨灘／燧灘／紀伊水道

④マクロベントスが貧弱な海域 — 大阪湾／広島湾／別府湾

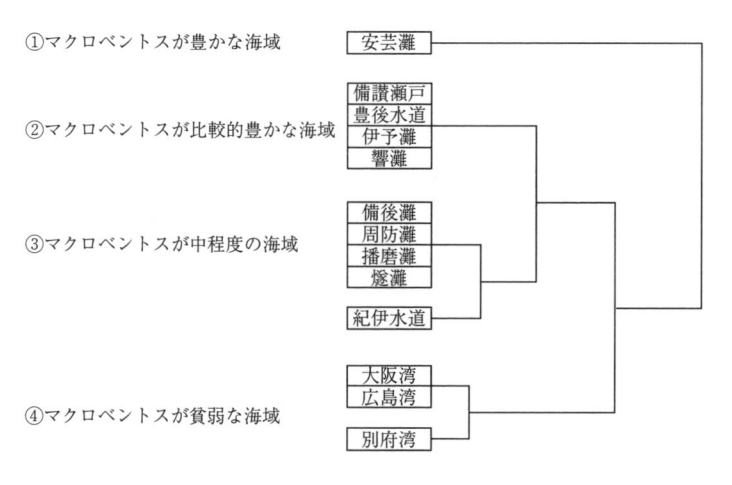

図5.3 マクロベントスのクラスター分析の結果

(2) マクロベントスの変化

第2回調査と第3回調査について，対応のある2組の平均値の差の検定を行ったところ，マクロベントスの総出現種類数が有意に減少（危険率5％）したのは，播磨灘，燧灘，および紀伊水道であり，減少したのは，備讃瀬戸，豊後水道，および安芸灘であった[3]．このうち，燧灘では底質の細粒化が認められ，T-NとTOCが有意に増加（危険率5％）しているように底質の悪化が示唆された．これに伴ない，マクロベントスの総出現種類数や個体数は危険率5％で有意に減少しており，底質とマクロベントスの変化には対応関係がうかがわれた．一方，備讃瀬戸と豊後水道では，底質のIL，CODが危険率0％もしくは5％で有意に増加していたにもかかわらず総出現種類数は危険率5％で有意に増加し，安芸灘ではILとT-Pが有意に増加すると共に，総出現種類数と個体数も有意に増えていた．このように，底質とマクロベントスの関係は湾・灘によって異なり，一定の傾向は示さなかった．

1976～1984年における瀬戸内海のマクロベントスの分布状況については，水産庁によって各海域ごとに調査がされている[6～12]．本調査とは，調査時期や調査地点が必ずしも一致してい

ないために単純に比較することは難しい．しかし，当時の状況を示す唯一の結果であることから，第2回および第3回調査との比較を行った．

種類数は，別府湾，広島湾，伊予灘，および周防灘で減少が認められたが，いずれも第2回調査から第3回調査の間でマクロベントスが減少した海域ではない．1970年代後半以降で変化が認められなかったのは，大阪湾，備後灘，および響灘の3海域であった．一方，播磨灘のように底質の汚濁が進行しているとは考えられないにもかかわらずマクロベントス（種類数，個体数）が減少した海域があった．本調査は，底層の貧酸素化が生じやすい夏季に実施されているため，調査前に底層の貧酸素化が続けばその影響によりマクロベントスの種類数や個体数は減少すると思われる．しかし，本調査実施前の水質データはないのでこれ以上のことはわからない．

このように，瀬戸内海のマクロベントスは，1970年代後半〜1980年代前半から2000年代初めまでの約20年間において，多くの湾・灘では減少して横ばいの傾向か，横ばいからやや減少の傾向，あるいは変化がないことを示し，マクロベントスの生息状況が改善されたとは言えないことが示唆された．

5.3.5 瀬戸内海への汚濁負荷とその変化

瀬戸内海への汚濁負荷に関わる諸要因のうち，森林面積，家畜養頭数，漁業生産，人口，下水処理施設の普及率，総生産額・工業製品出荷額，発生負荷量，および流入河川水質を取り上げ，その変化について説明する[3, 13〜15]．

（1）森林面積，家畜養頭数，漁業生産

瀬戸内海流域の森林面積は約70％を占めている．2000年の森林面積は1960年および1970年よりもやや多く，1980年時点と比べて0.6％の減少とほとんど変化がない．針葉樹と広葉樹の面積比は，1960年に広葉樹が大幅に減少したことに対応して人工林の針葉樹の面積は大きく増えている．1970年以降，広葉樹の面積は次第に増加しており，1980年に比べて人工林と天然林のいずれも多くなっている．森林面積，樹種，人工林率などと有機物や栄養塩の流出との関係については不明な点も多いが，流域からの汚濁物質流出が増加するほどの変化があったとは考えられなかった．

家畜頭数のうち，乳用牛，肉用牛，豚，採卵鶏は1970年以降微増減を繰り返しつつ，いずれも2000年時点では大きく減少している．ブロイラーは1970年に1,750万羽であったものが1975年には5倍以上に増加して以降減少し，2000年には5,060万羽となっている．

汚濁負荷量の多い牛（乳用，肉用の合計）と豚について，1980年，1990年，2000年の各頭数をもとに，COD汚濁負荷原単位[4]（牛＝19.6人分/頭，豚＝4.8人分/頭）を用いてCOD汚濁負荷量を計算し，相当人口に換算した．1980年を基準にすると，1990年時点では4万人分（1.2 t/日）の減少，2000年時点では50万人分（15 t/日）が減少されたことになる．すなわち，第1回調査時に比べ第3回調査時では50万人相当の負荷量が削減されたことになる．同様にT-N，T-Pの負荷原単位[4]（T-N：牛＝31.5人分，豚＝3.3人分，T-P：牛＝31.1人分，豚＝13.9人分）を用いて負荷量変化を推定すると，1980年時点に比べて2000年時点では，T-Nで

5.3 結果と考察

570万人（65 t/日），T-Pで1,130万人（120 t/日）分の減少に相当していた．

瀬戸内海には2,192種の魚類が生息しており，海面および養殖漁業を合わせた漁業生産量は，1965年で46万9千tから増減しながら1986年には85万4千tと最高になったのち減少に転じ，2004年には48万8千tとほぼ40年前の水準となっている．海面漁業生産量の減少が顕著であり，魚種別には，まいわし，かたくちいわし，いかなご，あさり類の生産量が1980年代から急減しており，藻場・干潟の減少などによる生息環境の悪化が指摘されている．

(2) 人口，下水処理施設，総生産額・工業製品出荷額，および発生負荷量

瀬戸内海13府県の総人口は1975年の3,257万人から2000年の3,521万人と264万人増加（増加率8.1％）したのに対し，下水道処理人口は816万人から2,231万人で1,415万人と大幅に増大し，普及率は約25％から63％まで増加している．また，下水道，農村等集落排水施設，浄化槽，コミュニティ・プラントなどの汚水処理施設の処理人口普及率では80.2％に達しており，生活系排水処理は着実に進展している．

瀬戸内海沿岸府県の総生産額および製品出荷額は，いずれも1960年から1990年頃までは増加の一途であったが，ここ20年近くは横ばい状態である．

瀬戸内海流域におけるCOD，およびT-N，T-Pの発生負荷量の経年変化[13]を図5.4に示す．1979年以降のCOD発生負荷量の変化は，1～5次の総量規制をうけて，過去20年間で瀬戸内

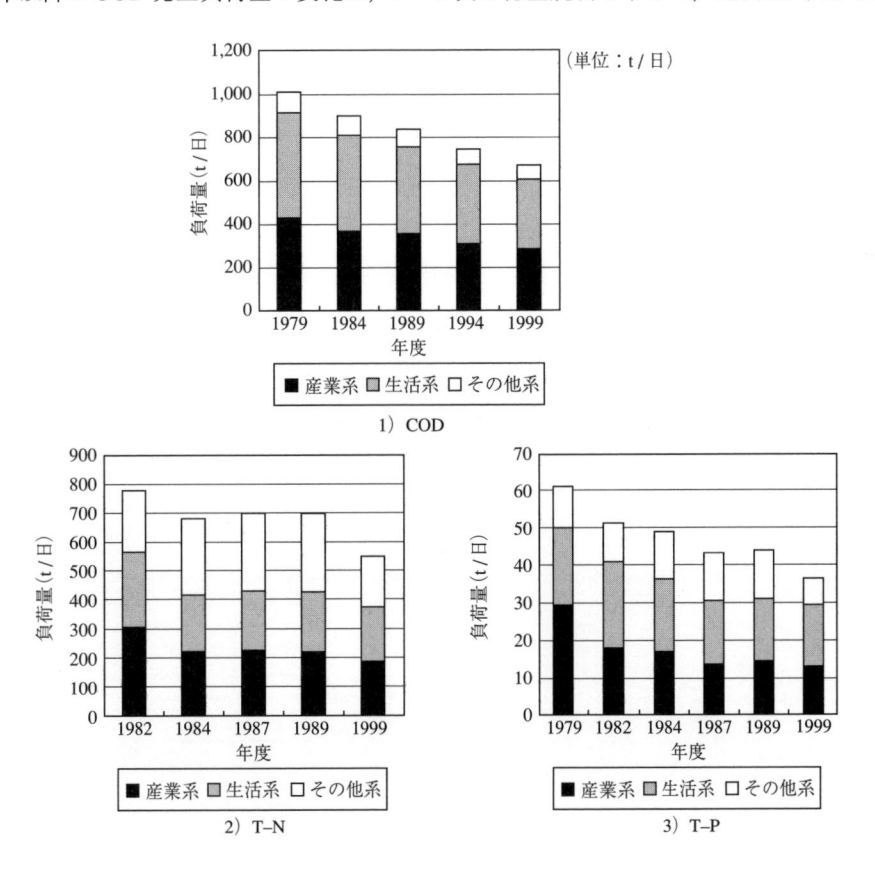

図5.4 瀬戸内海流域における発生負荷量の変化

第5章 瀬戸内海の底質・ベントスの変化

海全体で約1,000 t/日から670 t/日と33％低下しており，1979年と比較して過去20年間で産業系が約37％，生活系が約31％削減されている．1999年時点での各水域のCOD発生負荷量は，大阪湾が180 t/日（全体の約30％）と特に高く，ついで紀伊水道の79 t/日（同約12％），広島湾の60 t/日（同約9％）となっている．1979年に対する1999時点の削減率の大きさは，響灘の53％，ついで大阪湾の47％，播磨灘の38％，周防灘の31％となっている．

次に，T-N，T-P発生負荷量の変化をみると，T-Nは1982年から17年間で29％減少し，

表5.3 瀬戸内海流入河川年間平均値の湾・灘ごとの変遷

		1983	1988	1983	1995	1998	2003
全海域 流入河川(240)	COD	↘		↘	↘	↘	
	T-N	—	—	—	—	↘	↘
	T-P	—	—	—	—	↘	↘
紀伊水道 流入河川(20)	COD					↘	
	T-N	—	—	—	—	↘	
	T-P	—	—	—	—		
大阪湾 流入河川(57)	COD		↘		↘	↘	
	T-N	—	—	—	—	↘	
	T-P	—	—	—	—	↘	
播磨灘 流入河川(26)	COD			↘			
	T-N	—	—	—	—		
	T-P	—	—	—	—		
備讃瀬戸 流入河川(32)	COD						
	T-N	—	—	—	—	—	
	T-P	—	—	—	—	—	
備後灘 流入河川(12)	COD		↘				↘
	T-N	—	—	—	—	—	
	T-P	—	—	—	—	—	
燧灘 流河川(1)	COD						
	T-N	—	—	—	—	—	—
	T-P	—	—	—	—	—	—
安芸灘 流入河川(6)	COD	↗				↗	
	T-N	—	—	—	—	↘	
	T-P	—	—	—	—	—	
広島湾 流入河川(17)	COD			↘		↘	
	T-N	—	—	—	—		
	T-P	—	—	—	—		
伊予灘 流入河川(6)	COD						
	T-N	—	—	—	—	↘	↘
	T-P	—	—	—	—		
周防灘 流入河川(35)	COD					↗	
	T-N	—	—	—	—	↗	
	T-P	—	—	—	—		
響灘流入河川(14)	COD			↘			
	T-N	—	—	—	—	↘	
	T-P	—	—	—	—		
豊後水道 流入河川(4)	COD						
	T-N	—	—	—	—		
	T-P	—	—	—	—		
別府湾 流入河川(8)	COD						
	T-N	—	—	—	↘		↘
	T-P	—	—	—	—		

（ ）は流入河川数

凡例：↘ 減少傾向／■ 増加傾向／□ 傾向なし／— データなし

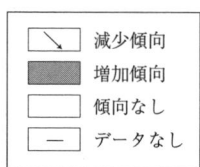

T-Pは1979年から20年間でリン削減対策の効果を反映して41％も低下している．削減率は，T-Nでは産業系が39％であり，T-Pでは生活系が45％と最も大きい．生活系，産業系，その他系の構成比率は，T-Nではこれら三者の比率がほぼ等しいが，T-Pでは生活系の占める割合が44％と最も大きい．水域別ではCOD発生負荷量と同様に大阪湾が最も大きく，T-NおよびT-Pともに瀬戸内海全域の発生負荷量の約30％を占めている．

（4）流入河川水質

瀬戸内海に流入する643水系の河川からの流入水量は，年間約500億m^3に達しており，瀬戸内海の水質に及ぼす流入河川由来の影響は大きいと推察される．そこで，瀬戸内海に流入する河川の最下流に位置する環境基準点におけるCOD，T-N，およびT-Pの経年変動について検討した．

河川水質は，環境省ホームページ[16]から引用した．CODは1983～2003年までの21年間分のデータが揃っている235地点を，T-NとT-Pについては，1995～2003年までの9年間のデータがある240地点を抽出した．これら地点で観測された全データを用いて各年の年間平均値を算出した．

瀬戸内海流入河川におけるCOD，T-N，およびT-P濃度の変遷をまとめて表5.3に示す．1983～2003年までの21年間における濃度変化を見ると，CODは1983年から1998年の16年間に，T-Nは1995年から2003年の9年間に，T-Pは1995年から2003年の9年間にいずれも減少傾向が認められた．この間の河川流量が一定であると仮定すると，瀬戸内海への河川経由の流入負荷量は減少していると考えられる．

各湾・灘ごとに見ると，大阪湾，播磨灘，および広島湾のように大都市を背後に有する海域に流入する河川において減少傾向が認められた．これは大都市での下水道整備が進んだためと考えられる．一方，安芸灘流入河川ではCODが増加傾向を示し，周防灘流入河川ではCODとT-Nの増加傾向が認められた．

5.3.6　瀬戸内海の底質環境

底質中のT-P，T-N，TOCの堆積量と海水中のT-P，T-N，CODの存在量を見積もり，量的な変化を調べた．これらの結果と，発生負荷量の変化，およびマクロベントスの分布と変化状況との関係から，瀬戸内海の環境についての評価を試みた．

（1）堆積量の変化

底質の濃度は，汚濁状況を見るうえで重要な指標であるが，負荷量や水質との相互関係を検討していく場合には，実際にそこに堆積している量が，どの程度変化したかを見ることも必要となる．そこで，表層5cm層の堆積量を求めて，その変化について検討した．

堆積量の計算は，星加・塩沢[17]に従って行った．底質に含まれる塩分とその温度は，広域総合水質調査の26年間の下層の塩分と水温の平均値を使い，底質粒子の比重は，星加らが大阪湾で求めた表層0～6cmの測定値の平均値を使用した．本調査の含水率は，試料を遠沈処理（3,000回転，20分間）した後で測定された[18]ものであるため，別に無処理試料と遠沈処理試料の含水率の関係を求め，回帰式により無処理試料の含水率を推定した．各調査地点の面積は，

隣接する地点との関係から境界を区切って求めた．各地点のT-P，T-N，TOCの濃度，および面積の積から，各地点ごとの表層5 cm層中の堆積量を算出し，これを積算してT-P，T-N，TOCの堆積量とした．

結果を図5.5に示す．個々の海域による違いはあるが，瀬戸内海全体で見ると僅かに増加しているものの，計算上の誤差を考慮すると，過去20年間における堆積量の変化はほとんどないと考えられる．

表層5 cm層の堆積量が減少した地点を図5.6に示す．項目によって様子は異なるが，3項目とも減少している海域は，播磨灘から周防灘にかけての沿岸部に多く見られるが，特に広島湾や周防灘における減少が特徴的である．大阪湾の場合，大部分の地点でT-Nの減少が認められるが，T-Pについては逆に増加している地点も多い．一方，泥質物がほぼ全域に広く分布している別府湾ではいずれの項目についても減少は認められなかった．

一般に底質中の物質の濃度は含泥率と正の相関関係にあるので，堆積量の増減もシルトや粘土など粒度の細かい泥質物の含有量の変化に大きく影響される．そこで，含泥率が変化しない場合に濃度が変化しているかどうかを検討するために，第1回と第3回調査において含泥率が70 %以上であり，かつ2つの調査の含泥率の差が10 %以内の地点を抽出した．抽出された地点を図5.4の調査地点に丸印で示した．この結果からも大阪湾，播磨灘，備後灘，燧灘，広島湾，および周防灘におけるT-N，T-P，あるいはTOCの堆積量が減少していることが示された．

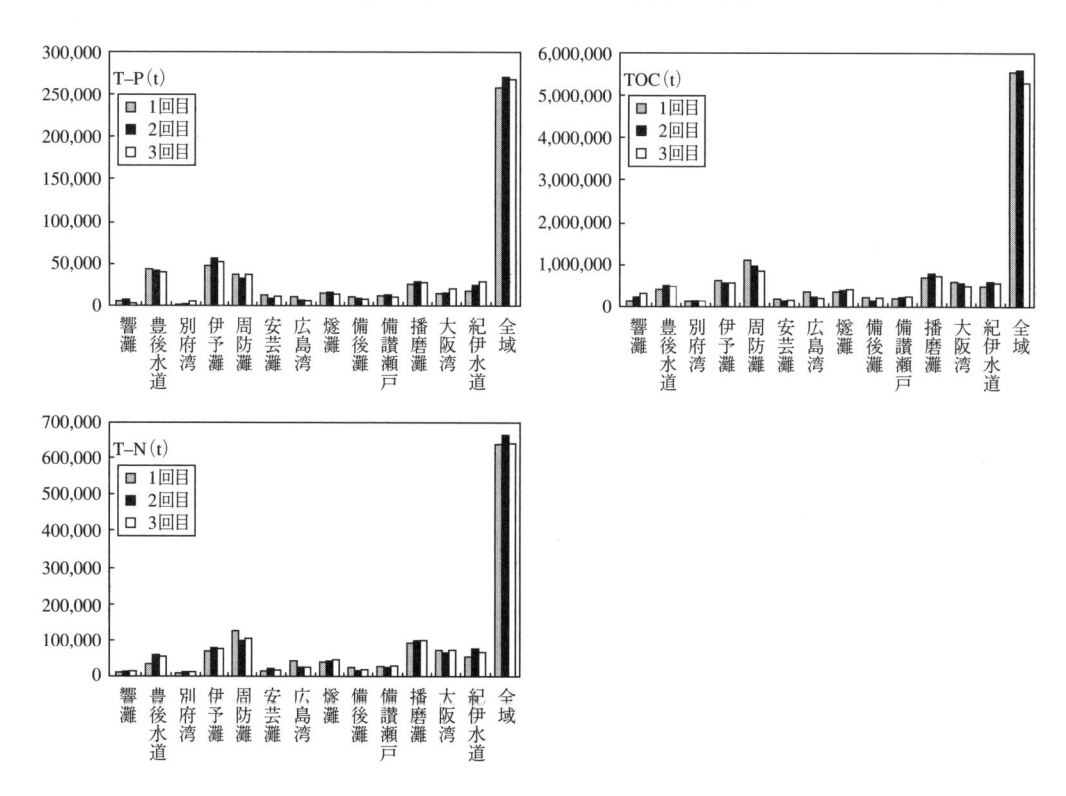

図5.5　堆積量の変化

5.3 結果と考察

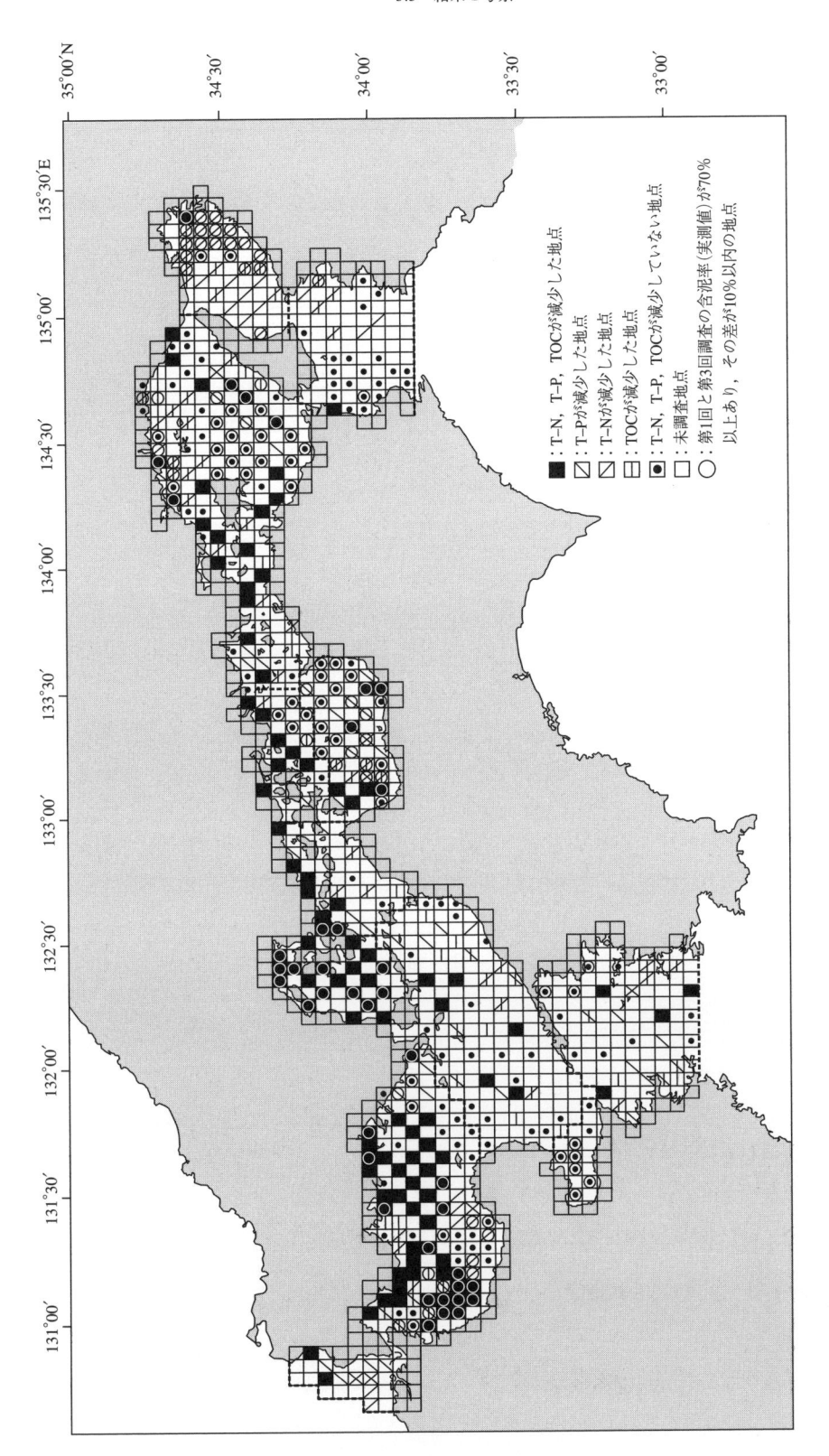

図 5.6 表層 5cm の堆積量が減少した地点

(2) 海水中のCOD，T-P，T-Nの変化
① 水質の変化状況

海域水質の変化状況を，環境省が実施している広域総合水質調査結果[16)]に基づいて検討した．瀬戸内海全域の上層と下層の結果を使って求めたCOD，T-N，およびT-Pの年平均値の変化を図5.7に示す．いずれも年度によって多少の変動は認められるが，ほぼ横ばいで推移していた．

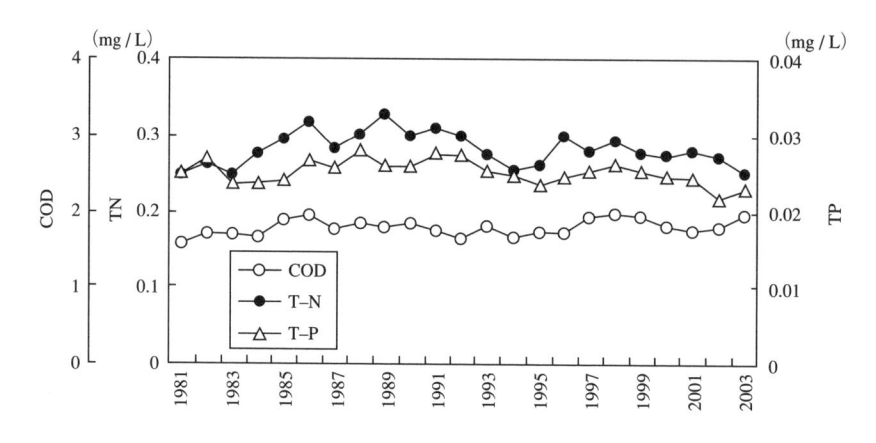

図5.7　COD，T-N，およびT-Pの瀬戸内海全地点（上層と下層の平均値）における平均濃度の経年変化

次に，1981～2000年度の各5年間毎と，2001～2003年度の3年間について上層における湾・灘別の平均値をまとめたが，代表例としてCODの結果を図5.8に示す．大阪湾上層のCODは改善傾向が認められ，図には示していないがクロロフィルa，T-N，およびT-Pも同様の結果となった．その他の海域では，水質の顕著な変化は認められずほぼ横ばいで推移していたが，クロロフィルaは播磨灘，備讃瀬戸，および響灘でやや増加傾向にあった．下層の水質についての多くは横ばいであった．しかし，大阪湾北部地点の多くは減少しているが，大阪湾南部の地点では横ばいあるいは増加傾向を示すなど異なった傾向を示した．

②海水中の存在量とその変化

海水中のCOD，T-N，およびT-P存在量を，広域総合水質調査の水質データ[16)]を使って見積もった．1978年度から2003年度までの26年間を，1978～1980年度の3年間とそれ以降は5年ごとの1980年代前・後半，1990年代前・後半，および2001～2003年度の3年間の計6つに区分して以下のように計算した．

まず，各地点の上層，および下層についてそれぞれの年平均値を求め，各年代区分ごとに二層それぞれの平均値を計算し，さらに上層と下層の平均値を求め，これを各地点の代表値とした．面積は，海域ごとに各調査地点を中心として隣接する地点の境界により区域を決めて計算して求めた．各区域の水深は，各地点の26年間の実測水深の平均値を使った．この平均水深と各区域面積から各地点ごとの水柱の容量を計算し，これに得られたCOD，T-N，およびT-Pの平均濃度をかけて各区域内の水中の存在量を求め，湾・灘ごとに積算した．なお，別府湾の測定点は，湾奥部の1地点のみであったので伊予灘に含めた．

5.3 結果と考察

　COD，T-N，およびT-P存在量の変化を図5.9に示す．瀬戸内海全体では，COD存在量は増加，T-P存在量は一旦減少した後に増加するが1995年以降は減少，T-N存在量は大きく減少した後にやや増加し1995年以降は減少，という変化を示した．

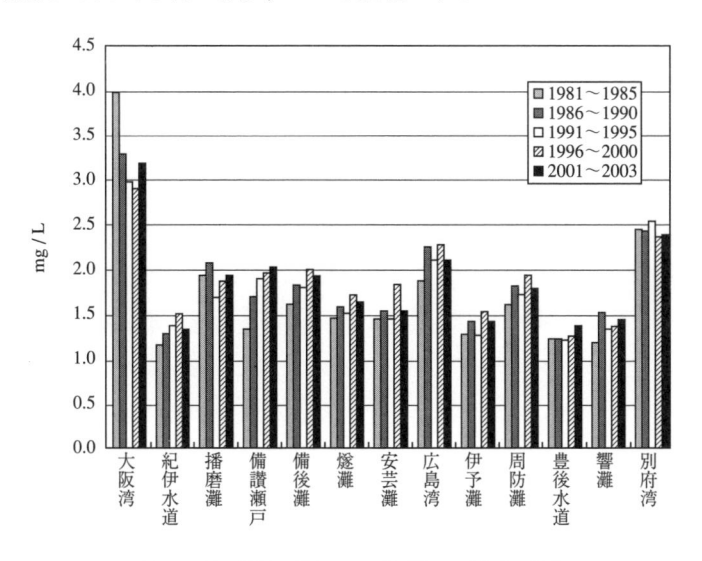

図5.8　湾・灘別に見たCOD（上層）の平均値の推移

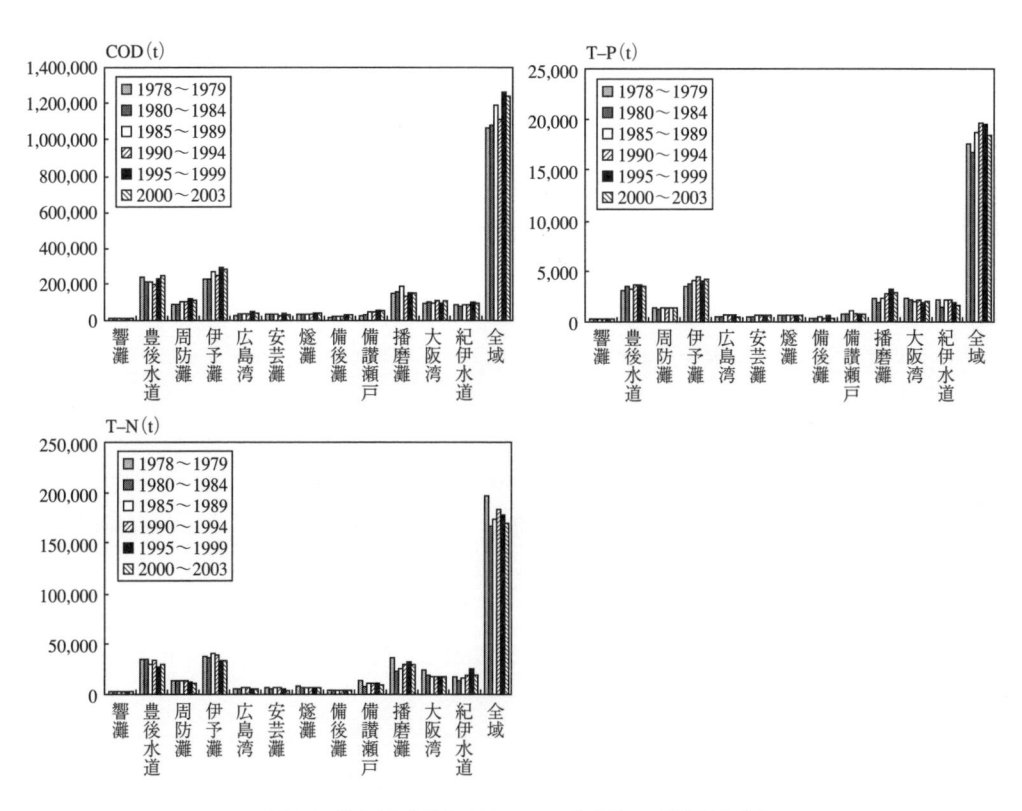

図5.9　海水中におけるCOD，T-P，およびT-N存在量の変化

各湾・灘ごとに見ると，COD存在量は，紀伊水道，大阪湾，播磨灘，および豊後水道では一定の傾向が認められなかった．他の湾・灘は増加傾向を示し，例えば，備讃瀬戸では，1978～1980年度に比べて2001～2003年度は約3倍も増えていた．T-P存在量は，播磨灘，伊予灘，および豊後水道ではやや増加傾向にあるが，大阪湾や紀伊水道では減少傾向が認められた．一方，T-N存在量は，長期的には大阪湾をはじめとして多くの湾・灘で減少傾向を示すが，紀伊水道や播磨灘では一旦減少後増加に転じた後に減少，という異なった変化が見られた．

瀬戸内海全域のCODの平均濃度は，ほぼ一定であるにもかかわらず存在量は増えている．各湾・灘でみても，例えば大阪湾の場合，北部上層のCOD濃度は顕著に減少し上層と下層の平均濃度も減少傾向を示すが，大阪湾南部の5地点の上層と下層の平均濃度は横ばいもしくはやや増加している．存在量は濃度と容積の積になるので，容積が小さい大阪湾北部での存在量の減少よりも，容積が大きい大阪湾南部地点の僅かな濃度の増加が大阪湾全体の存在量に影響することによって，COD存在量が減少傾向を示さなかったと考えられる．同様に，瀬戸内海全体では容積の大きい伊予灘の影響は大きく，瀬戸内海全体のCOD増加の一因となっている．

③ 降水量との関係

瀬戸内海沿岸11府県の府県庁所在地における1981～2003年のアメダスによる降水量と水質の経年変化を検討した．年降水量は，870 mm（1994年）～2,060 mm（1993年）であった．流域の降水量に対応して河川流量が増加するが，水質については流量の増大に伴って濃度が増加するものと，希釈され減少する水質項目があり，COD，T-N，およびT-P濃度は前者の挙動をすることが知られている[19]．したがって，降水量が多い場合には，瀬戸内流域圏の面源から瀬戸内海へ流入する河川のCOD，T-N，およびT-Pの濃度と流入負荷量が増加するために，瀬戸内海の水質もそれに対応した変化が起こると推察される．しかし，毎年のデータの変動は大きく，降水量が多い年にはCOD，T-N，およびT-P濃度が増加する場合もあるが逆のケースも見られるように，必ずしも降水量と平均水質の変化の間には一定の関係が認められなかった．河川から流入した物質の濃度は，河口付近や海域内での変化に受ける．加えて，大洪水時には物質の濃度と流入量と共に，物質の挙動も平常時とは大きく異なる[20]ことを考えれば，広域総合水質調査のように年4回の結果に基づいて，降水量と年平均水質の関係を評価することは難しいと思われる．

④ 底質からの溶出量

瀬戸内海の水中のT-N，およびT-P濃度や存在量について検討する場合に，陸からの負荷に加えて底質からの溶出による寄与についても考慮する必要がある．塩沢ら[21]は1980年代前半に実施した現場用溶出装置による観測と室内溶出実験から窒素溶出量を年4,600～8,600 t/年，リン溶出量を16,000～28,000 t/年と見積もっている．山本ら[22]は無機態窒素と無機態リンの溶出量を見積もると共に，無機態窒素について陸からの負荷に対する溶出量の割合は15～100％と推定している．

底質からの窒素・リンの溶出速度について，塩沢ら[21]は夏季の成層期に増加し冬季の循環期に小さく，特にリンについては底層水の貧酸素化により加速されるとの結果を得ている．一方，山本ら[22]が1993～1994年に実施した年4回の調査の結果では6月が最小であり，台風に

よる有機物の流入負荷が大きかった10月は有機物の分解によって高い溶出速度になった，と推察している．季節的な傾向は一致していない．広域総合水質調査結果[16)]に基づいて季節変化を見ると，7月の成層期の貧酸素化が進む時期にリン濃度が高くなっており，下層のDO濃度がリンの溶出と密接に関係していることを示唆している．下層のDO濃度の経年変動は各湾・灘とも横ばいもしくは改善傾向の地点が多く，全体としては横ばいと評価されることから，この20年間でDO減少による底質からのリンの溶出量が増加しているとは考えにくい．塩沢ら[21)]に従えば窒素溶出量が増加しているとはいえず，水中のCODの経年変化も横ばいであることから有機物の分解による寄与も大きくなっているとはいえないと推察される．

山本ら[22)]は，瀬戸内海の海水交換は15ヵ月程度であり陸からの負荷が減少すればこの程度のタイムスケールで沖合い近くの濃度に減少する，と述べている．柳[23)]は，瀬戸内海全域で見た場合T-Pの平均滞留時間を9.2ヵ月，T-Nについては8.9ヵ月とし，陸からのT-N，およびT-P負荷量をそれぞれ18％と27％削減することにより，適正濃度レベルまでの濃度低下が可能としている．

このように，発生負荷量や流入河川水質の濃度はいずれも減少しており，底質からの溶出量は少なくとも増加していないと考えられることから，長期的には水質の改善傾向が期待される．しかし，実際にはCODやT-N，およびT-Pの負荷量の減少が，水質に反映しているとは言えないという問題がある．

5.3.7 底質環境の変化と汚濁負荷削減対策

瀬戸内海の水質，および底質環境の変化と汚濁負荷削減対策との関係について検討した．これまで述べてきたように，COD，T-N，およびT-Pの発生負荷量は，府県によって差はあるものの全体として減少している．このことは，流入河川水の濃度が統計的に見て有意に減少していることからも裏付けられている．

次に，底質の濃度については，統計的に見てIL，TOC，T-Nは有意に減少し，T-Pは有意ではないが減少傾向にある．しかし，T-Sは有意に増加している．堆積量については，泥質物が広く分布する大阪湾，播磨灘，備後灘，広島湾，周防灘，および別府湾のうち，別府湾を除く各湾・灘では，T-N，T-P，およびTOCのうち1つからいずれかの2項目，あるいは3項目について減少している地点が多くある．また，下層のDOは，別府湾を除き，ほぼ横ばいあるいは上昇傾向にあることから，底質からのリン溶出負荷量は増加していないと推察され，窒素についても同様の状況にあると思われた．

一方，マクロベントスの結果は，生息環境の悪化を示唆している．マクロベントスの生息環境の指標となるT-Sを見ると，播磨灘のように大きく濃度が減少した海域は例外的である．多くは平均値が上昇しており，さらに最大値が増加している海域もあるように，調査時におけるT-Sの増加がマクロベントスの生息に影響を与えている可能性は大きい．マクロベントスとその生息環境との関係については，さらに検討が必要である．

門谷[24)]は，瀬戸内海の富栄養化を進行させてきたのは陸からの栄養塩であり，生物過程に決定的な役割を演じてきたとし，海底の堆積物中のプランクトン相の遷移として*Chattonella*や

*Alexandrium*属といった有害種の生物量が現在漸減傾向にあることは，1970年代後半以降の窒素・リンの排出規制による陸からの負荷量が減少したことに対する海洋生物の直接の応答であるとの評価をしている．

　以上のように，個々の海域における水質，および底質の変化を見た場合，これまで汚濁の進行していた海域において悪化傾向が止まったり，海水や堆積物中の窒素，リン，有機物量などの濃度が減少傾向を示す海域が認められた．このことは，これまで実施されてきた瀬戸内海に対する汚濁負荷量削減対策の一定の効果を反映したものと評価され，瀬戸内海の水環境改善における陸からの負荷量削減施策の重要性を示唆するものである．

参考文献

1) (社) 瀬戸内海環境保全協会 (1988)：昭和62年度環境庁委託業務結果報告書瀬戸内海環境情報基本調査 (総合解析編), pp.1-156.
2) (社) 瀬戸内海環境保全協会 (1997)：平成8年度環境庁請負業務結果報告書瀬戸内海環境情報基本調査 (総合解析編), pp.1-286.
3) (社) 瀬戸内海環境保全協会 (2006)：平成17年度環境庁請負業務結果報告書瀬戸内海環境情報基本調査 (総合解析編), pp.1-148.
4) Wentworth, C.K (1922)：J. Geology, 30, 377-392.
5) 山本民治，松田　治，橋本俊也，妹背秀和 (1999)：沿岸海洋研究, 36, 171-176.
6) 水産庁 (1979)：昭和54年度漁場改良復旧基礎調査報告書.
7) 水産庁 (1980)：昭和55年度漁場改良復旧基礎調査報告書.
8) 水産庁 (1981)：昭和56年度漁場改良復旧基礎調査報告書.
9) 水産庁 (1982)：昭和57年度漁場改良復旧基礎調査報告書.
10) 水産庁 (1984)：昭和59年度漁場改良復旧基礎調査報告書.
11) 南西海区水産研究所など (1976)：紀伊水道に関する総合研究報告書.
12) 日本水産資源保護協会 (1977)：関西空港漁業影響調査報告書.
13) (社) 瀬戸内海環境保全協会 (2005)：瀬戸内海の環境保全―資料集―, 1-163.
14) 農林水産省ホームページ：農業センサス累年統計書全国農業地域・都道府県別統計表農家調査農作物・家畜．(http://www.maff.go.jp/census/past/stats_n.html)．
15) 建設省都市局下水道部 (1983)：流域下水道整備総合計画調査指針と解説，日本下水道協会．
16) 環境省ホームページ：水環境総合情報サイト．(http://www.env.go.jp/water/mizu_site/index.html)．
17) 星加　章, 塩沢孝之 (1982)：中国工業技術試験所報告, No.18, 9-18.
18) 環境庁 (1988)：底質調査方法，環水管第127号環境庁水質保全局長通知．
19) 國松孝男，村岡浩爾編著 (1989)：河川汚濁のモデル解析，技報堂出版, pp.1-266.
20) 星加　章，谷本照己，三島康史 (2000)：中国工業技術研究所報告, No.54, 13-19.
21) 塩沢孝之，川名吉一郎，山岡到保，星加　章，谷本照己，滝村　修 (1984)：中国工業技術試験所報告, 21, 13-43.
22) 山本民治，松田　治，橋本俊也，妹背秀和，北村智顕 (1998)：海の研究, 7, 151-158.
23) 柳　哲雄 (1997)：海の研究, 6, 157-162.
24) 門谷　茂 (2006)：沿岸海洋研究, 43, 151-156.

第6章　瀬戸内海底泥からの
　　　　リン・窒素の溶出

　瀬戸内海環境保全特別措置法によって1980年からリンの負荷削減指導が行われてすでに30年近くが経過した．1995年からは窒素も削減指導の対象となり，2000年の第5次水質総量規制からは，リンも窒素もCODと同様，総量規制の対象となった．このように，特にリンについては長年にわたって削減が行われてきたことから，原単位法によって見積もられる発生負荷量[1]のみならず，河川水中のリン濃度は明らかに減少している．このことは，広島湾に注ぐ太田川についての報告がいち早く行われ[2]，最近では他の河川でもほとんど同様の状況であることが分かってきた（本書第5章）[3]．

　ところが，瀬戸内海海水中の全リン（TP；Total Phosphorus），全窒素（TN；Total Nitrogen）の濃度は，富栄養化が著しかった大阪湾を除いてほとんど変化していない．海水中のすべての形態の合計量であるTP，TNで議論することの問題もあるが，その他にも理由はいくつか考えられる．その1つとして，底泥からの溶出が挙げられる．つまり，瀬戸内海の底泥には，高度経済成長に伴って陸域から大量に排出された有機物や海域内部で生産された有機物が分解しきれないで蓄積し，これらの分解が引き続き起こっていると考えられる．

　有機物の種類は様々で，自然界のバクテリアによって分解されやすいものから分解されにくいものまで，そのスペクトルは広い．便宜上，分解されやすいものを易分解性，分解されにくいものを難分解性と呼ぶが，単純に二分できるものではない．海底は上層から沈降してくる有機物の分解の場であり，それらの大部分は易分解性であり，堆積する割合は実際には小さい．しかしながら，一旦微細な粒子が堆積すると，底泥内での物質の移動は分子拡散レベルになってしまうので，有機物の分解に必要な酸素の上層水からの供給は絶たれ，分解効率の悪い嫌気分解が支配することとなり，それらの分解に長期の時間を要することになる．

　この章では，底泥からのリン・窒素の溶出過程に関わる生物・化学・物理プロセスについて記述し，溶出速度の見積もり方とその問題点を指摘したうえで，これまで測定されてきた瀬戸内海におけるリン・窒素の溶出速度推定結果についてレビューする．

6.1　底泥からのリン・窒素の溶出過程に関わるプロセス

底泥間隙水中の溶存物質の時間変化は，次式のように表すことができる[4,5]．

$$\partial C/\partial t = f - D_s \partial^2 C/\partial z^2 + w \partial C/\partial z - k(C_z - C_{eq}) \tag{1}$$

ここで，厚み z（m）の底泥間隙水中における溶存物質濃度（C）の時間変化（t；sec）を，

z を上向きに取り，f は溶存物質の生成速度，D_s は空隙率などを考慮した有効（実質的な）拡散係数（m^2/秒）であり，w は生物攪乱によって出ていく間隙水の移流流速（m/秒）である．C_z と C_{eq} はその層内で起こる一次反応的な反応（例えば吸着）を想定した場合の間隙水中の初期物質濃度および層内で反応が進んで平衡状態となった場合の物質濃度（mol/m^3）であり，k（/秒）は定数である．k はよく分からない場合が多い．また，この式の第2項（拡散）と第3項（移流）を区別することが困難な場合は，生物的拡散係数（biodiffusion coefficient, D_b；m^2/秒）としてまとめて考える．後で述べるが，生物の活動が活発な場合は，物理的な拡散よりも生物的移流の方が大きいと思われる．

　酸化還元電位に敏感に左右されるリン酸塩の場合には第4項が無視できない．リン酸塩は酸素がある水柱内では水酸化鉄と共有結合してリン酸鉄となり，酸素がない間隙水中では硫酸還元によって生成した硫化水素と鉄が反応して硫化鉄となることでリン酸を溶出させる（図6.1）．これは，Fe，P，Sの三者がからむ反応なので，ここでは「Fe-P-S反応」と呼ぶ．瀬戸内海の灘部の底泥は普通還元的であるので，間隙水中ではリン酸濃度が高いが，直上水中に酸素がある季節には溶出は抑制される．水柱底層が夏季に貧酸素化する海域では底泥から溶出するが，酸化的な上層水中ではやはりリン酸塩としての存在量は極めて少ない．このようなことから，リンは底泥中に存在・蓄積する傾向にあり，水柱内の一次生産にはなかなか寄与できないことから，リンが水柱内の一次生産の制限因子になる場合が多い．このような元来のリンの性質に加え，瀬戸内海ではリンの負荷削減が先行されたこともあり，水柱内のリン制限は強くなっている[6]．

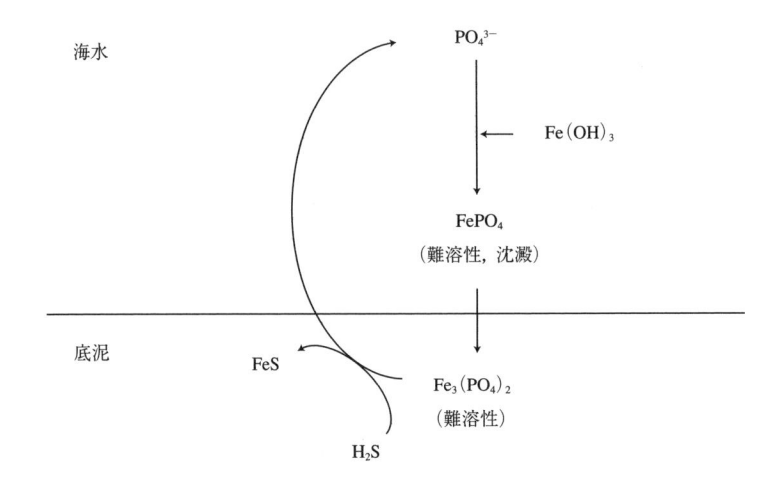

図6.1 水―泥系のFe-P-S反応．海水中のリン酸塩は水酸化鉄に吸着してリン酸鉄になって底泥に蓄積するが，底泥が還元的で硫化水素が多いと，これと反応して硫化鉄を生成すると同時にリン酸塩となって再び回帰する．

6.2 底泥からのリン・窒素溶出速度の見積もり方法

底泥からのリン・窒素などの溶出速度の見積もり方法は，大きく分けて2通り，つまり間接的な見積もり法と直接的な実測法がある．

6.2.1 濃度勾配から見積もる方法

間接的な見積もり法としてこれまで比較的広く行われてきたのは，底泥中の溶存物質の濃度勾配を測定し，次のフィックの拡散方程式を用いて計算するものである．

$$J = -\phi D'(\partial C/\partial z). \tag{2}$$

ここで，ϕ は空隙率，D' は堆積物全体に対する拡散係数である．物質によって分子の大きさが異なるので，分子拡散係数は異なる．

空隙率は，採取した底泥の湿重量（$W_M W$），乾重量（$D_M W$），乾泥の体積（$D_M V$）を測定し，以下の式から求めることができる．

$$\phi = \rho / \{\rho + (1-\omega)/\omega\}. \tag{3}$$

ここで，ρ は乾泥の密度（kg/m^3；$\rho = D_M W / D_M V$），ω は泥の含水率（$\omega = (W_M W - D_M W)/W_M W$），である．この方法の詳細は山本（2003）[7] に記したので，ここでは省略する．

通常，コアー採泥を行い，例えば1 cmごとに3層スライスして，その濃度勾配に対して上記のフィックの式を適用して溶出速度を計算するという方法が用いられてきた[8]．底泥間隙水中での溶存物質の濃度勾配は，還元状態で濃度が高いアンモニアなどでは表層よりも深層で高いので計算しやすい．しかしながら，硝酸のように酸化型の物質は通常表層で濃度が高く深層で低いので，フラックスは下向きになる．これらのことは，窒素について底泥内で起こっているプロセスを考えると決して不思議なことではない．つまり，深層でアンモニアとして存在する窒素が，表層では上層水からの酸素供給があるため硝化が行われるからである．したがって，濃度勾配から見積もられたアンモニアの上向きフラックスのうち本当にアンモニアの形で直上水へ溶出する量はそのすべてではないので，過大評価することになる．一方，硝酸については下向きフラックスが得られたとしても特に問題はないが，硝化によって生成した硝酸はさらに脱窒されて出ていくので，底泥中の硝酸が増えていくわけではない．

生物の作用については後で述べるが，底泥に穴を開けて棲む穿孔生物の活動が活発な場合や底泥表面に生息する底生微細藻が光合成することにより底泥内への酸素供給が大きくなるので，底泥中の栄養塩類の鉛直プロファイルは大きな影響を受ける．したがって，泥中の栄養塩濃度を測定して期待通りの直線的な勾配が得られず，解釈に困ることもしばしばある．

水は流動する液層であり，泥は動かない固層であるので，理論的には泥に接している水は動かないと考えてよい．水が動かないため，溶存物質の輸送も分子拡散レベルであるこの層を「拡散境界層」（diffusive sublayer）と呼び，その厚みは僅か1 mm程度である[4]．したがって，溶存物質の溶出制限は底泥内だけでなく，拡散境界層でも同様に起こる．図6.2（a）は泥中での拡散制限，6.2（c）は拡散境界層での拡散制限，そして6.2（b）は両者による拡散制限の状態を示したものである．溶存態のリンや窒素がこのようなプロファイルであると考えると，必ずしも物質の濃度を底泥内のみについて測定することだけにかかわらず，底泥内の濃度と直上水

の濃度を測定し，それらの濃度勾配から計算することも可能である．図6・2に示したように，拡散境界層の存在を考慮すると，むしろこの方が良いように思われる．

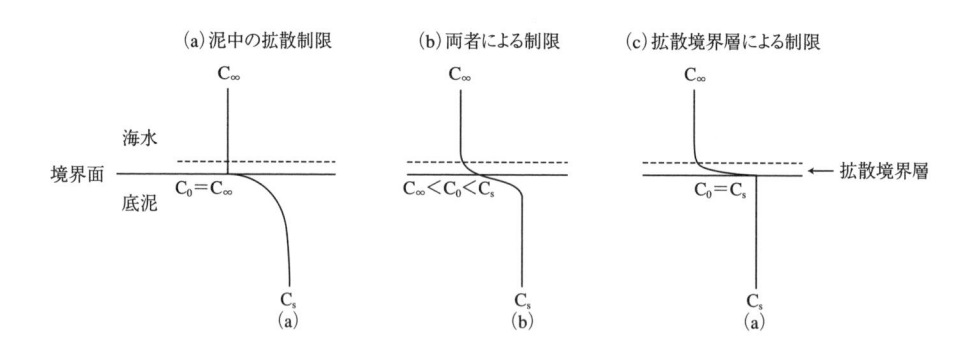

図6.2 底泥から拡散・溶出する物質の濃度勾配について考えられる3つの状態．(a) 底泥内部の生物・化学的過程が溶出の律速になる場合，(c) 拡散境界層での拡散過程が律速になる場合，(b) それらの両方が関係する場合（Boudreau and Guinasso, 1982）．

6.2.2 実測法

上記の間接的な見積もり法に対して，実測も多く行われており，ここでは主なものについて記述する．できるだけ未攪乱のコアーを取り，船上または陸上において現場の海底の温度や光強度を保って培養したり[9, 10]，現場底泥にチャンバーをかぶせて測定したりするものである[11, 12]．これらのいわゆる閉鎖系実験（バッチ培養法）では，単に静置するだけで流動を与えないので，有機物分解を担っているバクテリアに対する基質や電子受容体の供給を制限するうえ，生成された溶存物質の拡散を小さくしてしまう危険性がある．また，水の交換がないため，時間とともに直上水中の物質濃度が高くなって溶出速度を低減させてしまうかもしれないし，酸素供給が絶たれて還元的になるため，還元型の物質の溶出を過大評価し，酸化型の物質の溶出を過少評価してしまう可能性が高い．リン酸塩やアンモニアは前者，硝酸は後者の場合に相当する．

以上のことから，直上水の流動を与えずに閉鎖系バッチ培養法で長時間の溶出実験を行うことは決定的なバイアスを生むので，閉鎖系実験は短時間で終了させるか実験初期の値を採用するべきである[4]．

実際に流動を与えることで底泥の酸素消費速度は増加し[13]，フラックスが増大したという報告は多い[14, 15]．微小酸素電極を使った測定では，直上水に流動を与えることで，底泥深くまで酸素が浸透することが分かっている[16]．また，流動を与えることで酸素供給がなされ，間隙水中のNH_4^+は硝化されてNO_3^-になって溶出したり，脱窒が進行してN_2ガスとなって抜けたりすることにもなる[17]．したがって，底泥コアーを用いて実測する場合は，現場の状況に少しでも近づけるため，上層水に流動を与えるか，海水の交換を行う必要がある．

以上のようなことから，近年では流動を与える方法が取られているが，流動の強度についての検討は十分になされているわけではなく，通常，底泥表面の粒子が巻き上がらない程度の任

意の流動をスターラーなどで与えているものが多い[18〜20].

　そこで，著者らは直上水の循環速度を現場水柱における熱収支から計算して連続培養実験系に与えるという，理論的な方法を提案した（図6.3）[21]．この方法では，単にバッチ培養系に流動を与えるというのではなく，水は底泥直上水を採取して，温度および酸素濃度を調整したものをフロー・スルーさせる．その海水交換率は，海底直上層の水の交換率を与えるため，現場付近の水温のモニタリングデータが得られれば，その鉛直プロファイルからあらかじめ計算しておく．

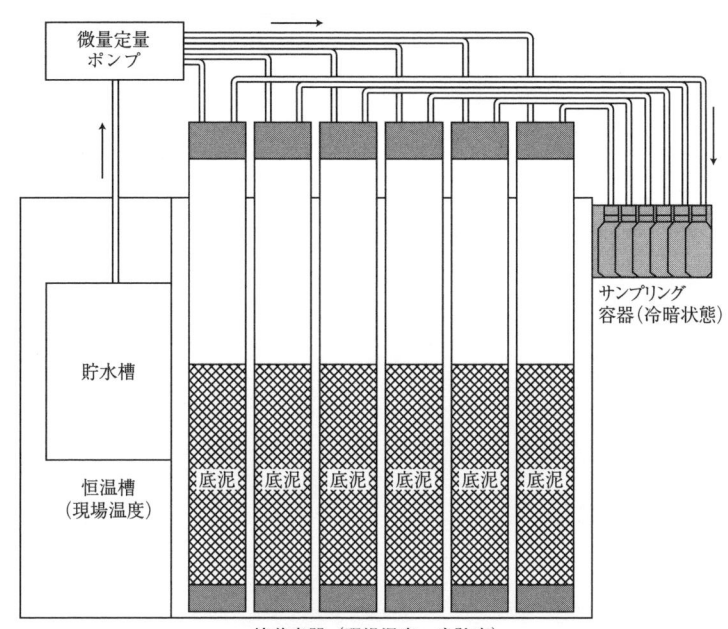

図6.3　コアー培養実験系の模式図．微量定量ポンプを用いて温度および酸素濃度を調整した下層水を送り込む，サンプリング瓶は冷暗所に置いて生物活性を抑制する．下層水の循環速度は現場水柱の熱収支から計算する（Yamamoto et al., 2000）．

　広島湾内の3測点において，窒素の溶出速度について，このフロー・スルー実験法と先に述べた底泥と直上水の濃度勾配から計算した結果とを比較した結果を表6.1に示す[21]．比較のために示した濃度勾配から計算する方法の場合，拡散境界層の厚みを1 mmと仮定して計算した．コアーの採取は未攪乱マルチプル・コアー採泥器（アシュラ，離合社製；図6.4）を用いたので，見た目に底泥表面は全く乱れていない柱状コアーが採れ，同時に複数のコアー（n＝3〜5）を用いて実験した．見た目に未攪乱であっても，実際に得られたデータの標準偏差はかなり大きいことから，現場底泥の不均一性は明らかである．濃度勾配からの計算は1サンプルしか行っていないので，こちらのばらつきは分からない．

　アンモニア態窒素の溶出速度は，濃度勾配から見積もったものでは，必ず正の値を取ったの

第6章 瀬戸内海底泥からのリン・窒素の溶出

表6.1 フロー・スルー実験法と水−泥の濃度勾配から計算した結果との比較[21]．上段：フロー・スルー実験法，下段：濃度勾配法．1993.1.20の最下段は海水の流動なしの条件での値．

測定日	測定場所	項目		
		$NH_4\text{-}N$	$NO_3 + NO_2\text{-}N$	DTN
1992.7.6	江田島湾中央	-0.37 ± 1.4 (n=3)	0.81 ± 0.14 (n=3)	ND
		0.66	0.048	ND
1992.10.15	江田島湾中央	0.89 ± 0.73 (n=4)	0.73 ± 0.48 (n=4)	ND
		1.9	0.19	ND
1993.1.20	江田島湾中央	6.9 ± 3.3 (n=3)	ND	ND
		0.86	0.0046	ND
		4.5	0.53	ND
1995.10.16	広島湾北部中央	-1.4 ± 0.65 (n=5)	1.7 ± 0.73 (n=5)	13 ± 1.2 (n=5)
		0.36	0.0013	ND
1995.10.17	広島湾南部中央	0.38 ± 0.37 (n=5)	0.69 ± 0.06 (n=5)	12 ± 5.9 (n=5)
		0.073	0.0018	ND

ND：no data.

図6.4 マルチプル・コアー採泥器．(a) セッティング，(b) 採泥前，(c) 試料採取状況．

に対して，フロー・スルー実験法では負の値を取ったものもある．一方，硝酸＋亜硝酸態窒素では，両方法とも正の値を取ったが，フロー・スルー実験法の方が大きい値を取った．これらのことから，アンモニアについては泥中の濃度が直上水中の濃度よりも高いため，濃度勾配から計算すると必ず正（上向きフラックス）となるが，実際には硝酸に酸化されて溶出するであろうことがフロー・スルー実験の結果から推察される．すなわち，アンモニア態窒素と硝酸＋亜硝酸態窒素の合計量，つまり溶存態無機窒素（DIN；Dissolved Inorganic Nitrogen）としては，両方法の間でそれほど大きく異ならないようである．

もう一点，フロー・スルー実験において得られた重要な知見は，溶存態全窒素（DTN；Dissolved Total Nitrogen，TDNとも）の溶出量がDINに比べて1桁程度大きいことである．従来，溶存無機化合物（いわゆる栄養塩類）の溶出に対する注目度が高かったが，溶存態有機物を利用する植物プランクトン種がかなり存在することが分かってきているので[22]，底泥からの物質の溶出が浮游生態系に与える影響を論じる場合には，今後，溶存有機物の溶出量について無視するわけにはいかないであろう．

6.3 生物による影響

物質の溶出が泥あるいは拡散境界層における分子拡散レベルの速度で規定されることを述べたが，底泥中に生息する様々な底生生物（ベントス）の活動によって，実際には桁違いに加速されることが以前より指摘されている[23, 24]．これを生物攪乱（bioturbation）といい，式（1）に示した第3項がそれである．底生生物の分布は不均一であることが普通であり，例えば大型の動物性ベントスが溶出実験コアーに入った場合には，実験結果に与える影響は大きい．また，濃度勾配から計算する場合でも，生物の生息によって物質濃度の鉛直プロファイルは大きく違ってくる．したがって，実測する場合も，濃度勾配から見積もる場合も，手間はかかるが複数の底泥サンプルを採取して，平均値と偏差で表現するのがよい．

植物性ベントスも溶存物質の溶出に大きな影響を与える．海底に光が届く浅海域では，底泥表面を無数の付着性微細藻が覆っている．これらのほとんどは羽状目珪藻である．それらの生長には間隙水中の栄養塩類が使われると考えられるので，底泥表層で見られる栄養塩類の濃度勾配はそれらによる取り込みの結果が強く反映される場合がある．上述した2つの見積もり方法（濃度勾配から見積もる方法と実測法）の比較における値の違いは底生微細藻によるところが大きいのかもしれない．例えば，底泥中で栄養塩の濃度勾配が大きくても，実測すると溶出フラックスが小さい場合は，底生微細藻による取り込みが1つの原因と考えられる．

一般に光が届いて水柱内の一次生産が可能な層を有光層と呼ぶが，光が海底に届いて底生微細藻の光合成が可能な海底を，著者は「浅海有光床」と呼んでいる．底生微細藻は光合成を行うことで酸素を放出し，還元的な底泥を酸化的にする働きがある．その結果，有機物の分解・無機化に大きく寄与している可能性がある[25, 26]．Yamamoto et al.（2007）[27]は大量培養した底生珪藻を人為的に散布して有機物が無機化することを確認しており，海域では初めてのファイト・リメディエーション（植物を利用した環境改善）として提案している．

6.4 瀬戸内海底泥からのリン・窒素の溶出

瀬戸内海底泥からのリン・窒素の溶出についての研究報告はそれほど多くない．灘ごとなど部分的海域についての報告を集めるといくつかあるが，瀬戸内海全域を対象にした実測や見積もりとなると，著者が知るかぎり，中西・浮田（1982 [28]，1983 [29]，1984 [30]，塩沢ら（1984）[12]，山本ら（1998）[31] および環境省（2001 [32]，2002 [33]，2003 [34]）の4つである．先に述べたとおり，塩沢らはベルジャー法を用いており，山本らは濃度勾配から見積もっている．また，環境省は濃度勾配からの見積もりとコアーを用いたバッチ培養法との比較を行っている．これらの調査結果を，個々の海域について報告されているものも含めて表6.2にまとめた．

表6.2 瀬戸内海において，これまで行われたリン・窒素溶出測定

調査年月	海域	項目	方法	出典
詳細不明	瀬戸内海全域	P, N	コアー培養法A [*1]	中西・浮田（1982-1984）[28〜30]
1979.8-9,12,1980.9, 1981.1,8,12,1982.8,12	瀬戸内海全域	P, N	ベルジャー法	塩沢ら（1984）[12]
1977.6,8,10,1978.1	大阪湾	N	濃度勾配法A [*3]	城（1986）[35]
1978.6-8,10,12		P, N	コアー培養法A	
1985.8,10-11,1986.1,5, 8-9,10-11	広島湾	P, N	ベルジャー法，コアー培養法A, 濃度勾配法B [*4]	清木（1990）[36]
1982.6,7,8	播磨灘北部沿岸	P	濃度勾配法B	Tada and Montani（1997）[37]
1992.7,10,1993.1, 1995.10	広島湾	N	濃度勾配法A, コアー培養法B [*2]	Yamamoto et al.（2000）[21]
1993.10, 1994.1,4,6	瀬戸内海全域	P, N	濃度勾配法A	山本ら（1998）[31]
1991.7	播磨灘	P, N	コアー培養法A	神山ら（1997）[38]
1992.7	播磨灘	P, N	コアー培養法A	神山ら（1998）[39]
2000.8,12	大阪湾，播磨灘	P, N	コアー培養法A, 濃度勾配法A	環境庁（2001）[32]
2001.8,12	燧灘，広島湾	P, N	同上	環境省（2002）[33]
2002.7, 2003.1	周防灘，伊予灘，別府湾	P, N	同上	環境省（2003）[34]
2002.7	広島湾	P, N	同上	同上
2002.1,4,8,11	周防灘	P, N, Si	濃度勾配法A	Jahangir et al.（2005）[40]

[*1]：コアー培養法Aとは，採泥したコアーを閉鎖系で実験したもの．スターラーなどで撹拌した場合も含む．
[*2]：コアー培養法Bとは，コアーをフロースルー系で実験したもの．
[*3]：濃度勾配法Aとは，底泥と直上水の濃度勾配から見積もったもの．
[*4]：濃度勾配法Bとは，底泥中の濃度勾配から見積もったもの．

方法も異なり，測定年も異なるので，これらの測定値を並べて比較することにどれほどの意味があるかは分からないが，比較することによってそれぞれの方法の特徴について理解が進み，瀬戸内海底泥全体からの溶出量がおよそどれくらいであるかがオーダーレベルででも分かれば，瀬戸内海の水質改善を考えるうえで役立つであろう．そこで，これらの測定の結果を表6.3, 6.4にまとめた．

まず，基本的な点としては，先にも述べたように，濃度勾配法では，底泥中の濃度勾配でも，底泥と直上水の濃度勾配でも，いずれの場合も上向きフラックスとなるのに対して，実測の場合は下向きフラックスの場合があるということである．これは，DIPの場合には水中で水酸化鉄などのコロイド粒子などに吸着するし，DINでは硝化によりアンモニアフラックスが負になったり，脱窒によって硝酸のフラックスが負になったりするためである．さらには，培養中の

微細藻による栄養塩の吸収もある．これらのこと以外に，以下のような特徴が挙げられる．

　大阪湾のように流入負荷が著しく大きい海域で溶出速度が大きく，備讃瀬戸や伊予灘などでは溶出速度は小さい．例えば，濃度勾配法で得られたDIPの溶出速度は，大阪湾で0～16.6 mg P/m^2/日であるのに対して，備讃瀬戸や伊予灘では0.1～0.5 mg P/m^2/日である．これは栄養塩類溶出が底泥中の有機物含量の大きさ（分解量の大きさ）に依存しているからである．大阪湾では，底泥に対する有機物供給速度が無機化速度を上回るため，底泥には次第に有機物が蓄積し，いわゆるヘドロ状になってしまうことは免れない．一方，備讃瀬戸や伊予灘では有機物供給速度に比べて無機化速度が十分に大きいため，海底は鉱物粒子主体の状態が保たれていると推測される．

表6.3　瀬戸内海海域別リン溶出速度

海域	方法[*1]	項目	成層期 (mg P/m^2/日)	混合期	出典
大阪湾	培養法	DIP	5.3～37	4.0～11.6	城（1986）[35]
		DIP	−0.5～56.5	−1.6～2.4	環境庁（2001）[32]
		DIP	4.1～31.8	—	環境省（2002）[33]
	濃度勾配法	DIP	0.9～3.2	0.8～0.9	山本ら（1998）[31]
		DIP	0～16.6	0～0.9	環境庁（2001）[32]
播磨灘	培養法	DIP	1.0～1.6 [*2]	—	Tada and Montani（1997）[37]
	濃度勾配法	DIP	0.6～1.2	—	Tada and Montani（1997）[37]
	培養法（嫌気）	DIP	3.5～11.4	—	神山ら（1997）[38]
	（好気）	DIP	−0.5～3.1	—	
		DIP	−1.2～10.4	—	神山ら（1998）[39]
		DIP	0.6～6.5	0.2～4.8	環境庁（2001）[32]
	濃度勾配法	DIP	0～4.1	0.2～3.7	山本ら（1998）[31]
		DIP	0.4～2.7	0.3～1.8	環境庁（2001）[32]
備讃瀬戸	濃度勾配法	DIP	0.3	0.1	山本ら（1998）[31]
燧灘	培養法	DIP	−0.6～17.6	−0.8～0.4	環境省（2002）[33]
	濃度勾配法	DIP	1.0～2.0	0.6～1.7	山本ら（1998）[31]
		DIP	1.0～7.6	0.2～0.5	環境省（2002）[33]
安芸灘	濃度勾配法	DIP	0.29	0.17	山本ら（1998）[31]
広島湾	培養法	DIP	2.9～14.2	0.3～0.4	清木（1990）[36]
		DIP	−4.0～0.5	−0.9～1.4	環境省（2002）[33]
		DIP	0.6～9.4	—	環境省（2003）[34]
	濃度勾配法	DIP	1.6～4.5	0.7～1.4	清木（1990）[36]
		DIP	0～1.3	0.7～0.9	山本ら（1998）[31]
		DIP	0.9～4.4	0.4～1.9	環境省（2002）[33]
		DIP	0.8～4.3	—	環境省（2003）[34]
伊予灘	濃度勾配法	DIP	0.5	0.3	山本ら（1998）[31]
周防灘	培養法	DIP	−2.5～3.8	−0.1～0.4	環境省（2003）[34]
	濃度勾配法	DIP	1.0～3.0	0.0～3.6	山本ら（1998）[31]
		DIP	0.5～3.7	0.2～0.5	環境省（2003）[34]
		DIP	0.5±0.6	0.1±0.1	Sarker et al.（2005）[40]
別府湾	培養法	DIP	−0.5～1.0	−0.5～−0.3	環境省（2003）[34]
	濃度勾配法	DIP	0.6～4.6	0.3～1.2	環境省（2003）[34]

[*1]：培養法にはコアー培養法とベルジャー法を含み，濃度勾配法には底泥中の濃度勾配および底泥－直上水の濃度勾配から見積もったものを含む．
[*2]：現場の温度とは異なる温度（10℃）で実験されたもの．

第6章 瀬戸内海底泥からのリン・窒素の溶出

表6.4 瀬戸内海海域別窒素溶出速度

海域	方法*	項目	成層期 (mg N/m²/日)	混合期	出典
大阪湾	培養法	DIN	23〜60	10〜29	城（1986）[35]
		NH_4	0.8〜138.1	−0.8〜30.6	環境庁（2001）[32]
		NH_4	51.1〜140.5	—	環境省（2002）[33]
	濃度勾配法	DIN	32〜45	4.8〜5.5	城（1986）
		DIN	2.6〜36	3.6〜11	山本ら（1998）[31]
		NH_4	0.1〜49.9	0.1〜23.1	環境庁（2001）[32]
播磨灘	培養法	DIN	3.0〜64.8	—	神山ら（1998）[39]
		NH_4	−6.5〜135	8.6〜28.2	環境庁（2001）[32]
	培養法（嫌気）	DIN	8.3〜36	—	神山ら（1997）[38]
	（好気）	DIN	1.8〜11.6	—	
	濃度勾配法	DIN	0〜37	2.6〜19	山本ら（1998）[31]
		NH_4	8.9〜24.5	3.2〜14.4	環境庁（2001）[32]
備讃瀬戸	濃度勾配法	DIN	2.2	0.9	山本ら（1998）[31]
燧灘	培養法	NH_4	5.4〜11.5	1.3〜9.4	環境省（2002）[33]
	濃度勾配法	DIN	9.9〜15	0〜11	山本ら（1998）[31]
		NH_4	8.9〜24.5	2.4〜5.9	環境省（2002）[33]
安芸灘	濃度勾配法	DIN	2.7	1.2	山本ら（1998）[31]
広島湾	培養法	DIN	10.7〜39.8	1.6〜5.1	清木（1990）[36]
		NH_4	−4.2〜1.7	−0.2〜13.3	環境省（2002）[33]
		NH_4	−1.4〜25.6	—	環境省（2003）[34]
		DIN	—	0.3〜1.1	Yamamoto et al.（2000）[21]
	濃度勾配法	DIN	40.5〜104	26〜43.5	清木（1990）[36]
		DIN	17〜18	3.6〜8.9	山本ら（1998）[31]
		NH_4	6.7〜16.6	3.3〜15.7	環境省（2002）[33]
		NH_4	9.3〜18.4	—	環境省（2003）[34]
		DIN	—	0.1〜0.4	Yamamoto et al.（2000）[21]
伊予灘	濃度勾配法	DIN	5.1	2.2	山本ら（1998）[31]
周防灘	培養法	NH_4	1.4〜91.4	3.1〜4.8	環境省（2003）[34]
	濃度勾配法	DIN	15〜37	0〜18	山本ら（1998）[31]
		NH_4	3.3〜36.7	0.3〜4.8	環境省（2003）[34]
		DIN	9.1±9.1	3.1±2.9	Sarker et al.（2005）[40]
別府湾	培養法	NH_4	−0.5〜11.2	1.3〜15.2	環境省（2003）[34]
	濃度勾配法	NH_4	4.7〜21.2	0.3〜1.2	環境省（2003）[34]

*：培養法にはコアー培養法とベルジャー法を含み，濃度勾配法には底泥中の濃度勾配および底泥−直上水の濃度勾配から見積もったものを含む．

　次に，溶出速度はDIPもDINも成層期に大きく，混合期に小さい．例えば，培養法でのDIPの溶出速度は，成層期が−4.0〜57 mg P/m²/日であるのに対して，混合期は−1.6〜11.6 mg P/m²/日である．窒素についても，成層期が−6.5〜140.5 mg N/m²/日であるのに対して，混合期は−0.8〜30.6 mg N/m²/日である．これはバクテリアによる有機物の分解活性が高温期に高くなるからであると考えられる．また，混合期には水中から底泥表面への酸素の供給が大きいので，DIPは上述の理由で溶出しない．DINも混合期の酸素供給により硝化・脱窒が盛んになるため，溶存態としての溶出量は少なくなるものと思われる．

　測定年代の違いに注目すると，大阪湾ではそれほど値は大きく異ならないが，広島湾では1985〜1986年に測定された清木（1990）[36]の値（DIN，濃度勾配法，成層期：40.5〜104 mg

N/m²/日,同混合期:26.0〜43.5 mg N/m²/日は,1993〜2002年に測定された山本ら(1998)[31]や環境省(2002[33],2003[34])の値(同:6.7〜18.4 mg N/m²/日,同混合期:3.3〜15.7 mg/N m²/日と比べるとかなり大きい.このことは,大阪湾では底質の有機物含量が高いままであるのに対して,広島湾では次第に有機物含量が低下してきていることを意味しているのかもしれない.

6.5 底泥からのリン・窒素の溶出量と陸域負荷量との比較

最初に述べたように,底泥に対する水柱からの有機物負荷は常に起こっており,底泥が還元的になって嫌気分解が支配する状態では有機物の分解速度は遅い.このため,底泥に蓄積された有機物の分解が長期にわたり,陸域からの負荷を削減しても底泥からの栄養塩の溶出がすぐに減少するとは限らない.現在,瀬戸内海の各灘(海域)において,陸域からの負荷量と底泥からの溶出量はどの程度の比率なのか,以下に検討してみた.

すでに述べてきたように,溶出速度の見積もり方法はいくつかあり,どの方法で得られた値を採用するかによって,溶出の大きさのイメージも異なってくる.著者は,フロー・スルー培養法が最も現場の状況を反映すると考えているが,この方法は研究レベルではできても,実験設定が難しく,測定数を増やすことができないので,実用的ではない.したがって,測定例もいまのところ少ない.また,培養法のうち,閉鎖系でかつ長期間止水状態で実験したものでは直上水が還元的になるなど,現実とはかけ離れた結果を得てしまうことが危惧される.一方,濃度勾配法は,そのときの現場の実際の溶出速度を表していないかもしれないが,溶出のポテンシャルを表していると考えられ,培養法で得られる値のばらつきが大きいのに対して,得られる値は控えめであり,季節別程度の時間スケールの値としてはもっともらしい.そこで,ここでは底泥-直上水間の濃度勾配から見積もられた結果を溶出速度として仮に採用し,環境庁(1999,未公表)の見積もりによる陸域負荷量とを以下に比較する.これらの比較はすでに環境省(2003)[34]が行っているので,それを引用した(表6.5).

山本ら[31]と環境庁[32],環境省[33,34]は同じ方法で溶出速度を見積もっていることもあり,ばらつきは比較的小さい.例えば,広島湾の成層期の窒素の溶出量は山本ら[31]では16 t/日,環境省[33],環境省[34]ではそれぞれ17および19 t/日である.陸域負荷と比較すると,大阪湾のように陸域負荷の非常に大きな海域では溶出量は相対的に小さい割合となる(6〜54%).ただし,播磨灘などと比べて面積が小さい割には絶対値としては大きい.一方,燧灘や周防灘のように面積が広く陸域負荷が相対的に小さい海域では溶出量の寄与は相対的に大きい(季節にもよるが,最大250%).これらの海域では,特にリンの溶出は,陸域負荷と同等程度あるいはそれ以上ある(33〜250%).リンについては,陸域からの負荷削減指導が1980年以降すでに25年以上続けられてきたことの影響が現れているといえる.

また,有意な差があるかどうかの検定はできないが,播磨灘と周防灘では,1993〜1994年頃の測定結果[31]に比べて,2000〜2002年の測定結果[32〜34,41]では溶出量が低下してきているようである.この間,陸域からの負荷は減少してきているので,それに応じて底泥への有機物負荷が減少し,溶出量も低下してきていると考えられる.

表6.5 瀬戸内海海域別溶出量と陸域負荷量の比較

海域	出典	時期	溶出量（A）(t/日)		陸域負荷量（B）* (t/日)		(A)/(B) (%)	
			窒素	リン	窒素	リン	窒素	リン
大阪湾	山本ら（1998）[31]	成層期	32	3	161	13	20	23
		年平均	21	2			13	15
	環境庁（2001）[32]	成層期	23	7			14	54
		混合期	10	1			6	8
	環境省（2002）[33]	成層期	17	3			11	23
播磨灘	山本ら（1998）[31]	成層期	35	7	95	6	37	117
		年平均	32	4			34	67
	環境庁（2001）[32]	成層期	21	3			22	50
		混合期	15	3			16	50
燧灘	山本ら（1998）[31]	成層期	28	4	32	2	88	200
		年平均	9	1			28	50
	環境省（2002）[33]	成層期	28	5			88	250
		混合期	0	1			0	50
広島湾	山本ら（1998）[31]	成層期	16	2	40	4	40	50
		年平均	6	1			15	15
	環境省（2002）[33]	成層期	17	3			43	75
		混合期	13	1			33	25
	環境省（2003）[34]	成層期	19	3			48	75
周防灘	山本ら（1998）[31]	成層期	80	7	64	3	125	233
		年平均	23	2			36	67
	環境省（2003）[34]	成層期	49	5			77	167
		混合期	12	2			19	67
	Sarker et al.（2005）[40]	成層期	36	2			56	67
		混合期	13	1			20	33
別府湾	環境省（2003）[34]	成層期	5	1	42	2	12	50
		混合期	2	0			5	0

＊：陸域負荷量は，環境省（1999）（未公表データ）として，環境省（2003）[34] に掲載されているもの．

6.6 今後の課題

　陸域からの負荷量をどれくらいにすれば溶出がどれくらいになるか，それによって海域がどれくらいの栄養レベルに保てるかという予測は，海域環境保全や漁業対策を立てるうえで重要である．これに応えるためには，かなり高度な数値モデルが必要となる．式（1）に基づいて考えると，易分解性から難分解性にわたる様々な有機物をある程度グループ分けし，それらの分解過程を好気・嫌気分解過程について定式化するとともに，その他溶出に関わるベントス類の生物過程の定式化も必要である．これに，外部強制因子として，海域ごとに異なる現実的な負荷量や系外との物理的交換過程を与える必要がある．さらに，水柱内での粒状有機物の生成・沈降過程は負荷量に応じて変化する関数でなければならず，溶出に深く関わる底質中の有機物含量や空隙率なども負荷量の関数である必要がある．加えて，リンなどではFe-P-S反応のような化学過程が酸素濃度や酸化還元電位と関係すること，窒素については底泥内の酸化層と還元

6.5 底泥からのリン・窒素の溶出量と陸域負荷量との比較

層の境界付近で脱窒が起こっていることから，これらに対しては酸化層の厚みが関わってくる．つまり，酸化層の厚みが直上水の酸素濃度と泥中での消費速度に依存して動的に変化するモデルが必要とされる[41]．もちろん，これまで行われてきているように，浮遊生態系内での食物連鎖を通した物質循環を表わすモデルを加えないかぎり，水中内の栄養塩レベルは分からない．以上のような研究は学術的に魅力的であるだけでなく，海域の環境対策を立てるうえで有効なので，今後取り組むべき重要な課題である．

陸域からの負荷が大きいほど海域における一次生産も大きくなり，その分，底質には多くの有機物の蓄積が起こり，その結果，溶出量が大きくなることは当然である．最も負荷が大きかった1970年代に比べれば，最近の溶出量調査結果では多少減少傾向にあることがうかがえた（表6.3, 6.5）．このように流入負荷が減少すれば，何年かのタイムラグを経て，溶出を通して底泥に貯まった有機物含量も次第に少なくなると考えられる．流入負荷を削減しても水中内の窒素・リン濃度が期待したほど低下しないのは，他にも原因はあるが，底質に蓄積された有機物の無機化にタイムラグがあることが1つの原因であろう．今回取り上げた溶出調査結果のほとんどは，環境省の挙げる水質類型IIの海域から得られた値である．したがって，類型II（TN＜0.3 mg/L, TP＜0.03 mg/L）の海域では，自然治癒力により，底質環境の修復が可能であることを示唆している．

一方，類型IV（TN＜1 mg/L, TP＜0.09 mg/L）の大阪湾奥部，児島湖，松永湾，海田湾，洞海湾などは，夏季に貧酸素を形成し，硫化水素の発生もある．このため，これらの海域では，底生生物群集は夏季に壊滅状態になり，1年のサイクルを全うできない．これらが死滅することによる有機物負荷と分解による酸素消費は大きく，貧酸素は解消することはない．このように，正のフィードバックがかかってしまうような状況は，「環境悪化のネガティブ・スパイラル」と呼ぶことができる．底生生物の生息は底泥の耕耘による直上水から底泥への酸素供給や食物連鎖を通した系外への物質の除去という点において非常に重要である．つまり，貧酸素状態が解消されれば，底生生物の生息も可能になり，環境状態は加速度的に良くなるポジティブ・スパイラルに転換する．類型IVのような海域については，放っておいても簡単には自然治癒しないので，ネガティブ・スパイラルからポジティブ・スパイラルへの転換が起こるクリティカル・ポイントを克服するような，何らかの対策が望まれる．つまり，このような海域の生態系の健全性の回復は，陸域負荷の削減のみでは達成されないので，底質自体の積極的な改善を行う必要があろう．

狭い海域であれば，覆砂や浚渫，あるいは生物の機能を利用した底質改善も可能であろう．2006年3月をもって瀬戸内海の海砂採取が全面的に禁止されたので[42]，浅場の再生には，今や有用循環資源といわれるリサイクル材などを用いることも視野に入れても良いかもしれない．もちろん，これらについては有害物質を含まないことは当然として，砂の代替として用いた際に，自然生態系にどのような影響が及ぶのかということを十分に検討したうえで適用されねばならない．すでにいくつかの代替材に関する研究が進められており，これらを近い将来適用するかどうかは，十分な科学的試験研究データに基づいた判断が求められよう．

参考文献

1) （社）瀬戸内海環境保全協会（2006）：平成17年度瀬戸内海の環境保全 ― 資料集 ―, pp.103.
2) 山本民次・石田愛美・清木 徹（2002）：水産海洋研究, 66, 102-109.
3) 駒井幸夫：本書第5章.
4) B. P. Boudreau and N. L. Guinasso, Jr., K. A. Fanning and F. T. Manheim, eds. (1982)：*The influence of a diffusive sublayer on accretion, dissolution, and diagenesis at the sea floor*, In, *The Dynamic Environment of the Ocean Floor*, Lexington Books, MA, pp. 115-145.
5) P. Santschi, P. Hohener, G. Benoit and M. Buchholtz-ten Brink（1990）：*Mar. Chem.*, 30, 269-315.
6) 山本民次（2004）：沿岸海洋環境の崩壊 ―リン負荷削減とダム建設による人為的貧栄養化. 河野憲治・藤田耕之輔（編著）公開講座シリーズ3, 私たちの生活と環境―環境修復・改善にどう取り組むか ―. 広大生物圏出版会, pp. 55-75.
7) 山本民次（2003）：底泥間隙水からの物質の溶出. 竹内均監修：地球環境調査事典. フジ・テクノシステム, pp. 192-199.
8) 神山幸吉・奥田節夫・河合 章（1979）：用水と廃水, 21, 285-291.
9) 浮田正夫・中西 弘・天谷満徳（1975a）：用水と廃水, 17, 1277-1290.
10) 浮田正夫・中西 弘・天谷満徳（1975b）：用水と廃水, 17, 1392-1401.
11) W. C. Sonzogni, D. P. Larsen, K. W. Malueg and M. D. Schuldt（1977）：*Wat. Res.*, 11, 461-464.
12) 塩沢孝之・川名吉一郎・山岡到保・星加 章・谷本照巳・滝村 修（1984）：中国工業技術試験所報告, 21, 13-43.
13) W. R. Boynton, W. M. Kemp, C. G. Osborne, K. R. Kaumeyer and M. C. Jenkins（1981）：*Mar. Biol.*, 65, 185-190.
14) D. C. Martin and D. A. Bella（1971）：*J. Water Poll. Contr. Fed.*, 43, 1865-1876.
15) K. Kamiyama, S. Okuda and A. Kawai（1976）：*Jap. J. Limnol.*, 37, 59-66.
16) N. P. Revsbech and B. B. Jorgensen（1983）：*Limnol. Oceanogr.*, 28, 749-756.
17) D. R. Bouldin（1968）：*J. Ecol.*, 56, 77-87.
18) K. Sundbaeck, V. Enoksson, W. Graneli and K. Pettersson（1991）：*Mar. Ecol. Prog. Ser.*, 74, 263-279.
19) W. G. Reay, D. L. Gallagher and G. M. Simmons Jr.（1995）：*Mar. Ecol. Prog. Ser.*, 118, 215-227.
20) J. L. W. Cowan, J. R. Pennock and W. R. Boynton（1996）：*Mar. Ecol. Prog. Ser.*, 141, 229-245.
21) T. Yamamoto, H. Ikeda, T. Hara and H. Takeoka（2000）：*Hydrobiol.*, 435, 135-142.
22) 呉 碩津・松山幸彦・山本民次・中嶋昌紀・高辻英之・藤沢邦康（2005）：沿岸海洋研究, 43, 85-95.
23) E. Callender and D. Hammond（1982）：*Est. Coast. Shelf Sci.*, 15, 395-413.
24) K. Henriksen, M. B. Rasmussen and A. Jensen（1983）：*Ecol. Bull.*, 35, 193-205.
25) 山本民次（2004）：瀬戸内海, 40, 45-49.
26) 原口浩一・山本民次（2008）：底生微細藻のバイオマスと一次生産. 谷口旭（監修）, 海洋プランクトン生態学, 成山堂書店, pp.298-312.
27) T. Yamamoto, I. Goto, O. Kawaguchi, K. Minagawa, E. Ariyoshi and O. Matsuda（2007, in press）：*Mar. Poll. Bull.*
28) 中西 弘・浮田正夫（1982）：瀬戸内海の富栄養化制御のための総合評価に関する研究（Ⅰ）, 第1号.
29) 中西 弘・浮田正夫（1983）：瀬戸内海の富栄養化制御のための総合評価に関する研究（Ⅱ）, 第2号.
30) 中西 弘・浮田正夫（1984）：瀬戸内海の富栄養化制御のための総合評価に関する研究（Ⅲ）, 第3号.
31) 山本民次・松田 治・橋本俊也・妹背秀和・北村智顕（1998）：海の研究, 7, 151-158.

参考文献

32) 環境庁（2001）：平成12年度環境庁委託業務結果報告書，海域（瀬戸内海）における底泥からの栄養塩類溶出把握実態調査，96 pp.
33) 環境省環境管理局水環境部（2002）：平成13年度燧灘，備後灘，安芸灘，広島湾における底泥からの栄養塩類溶出把握実態調査報告書，129pp.
34) 環境省環境管理局水環境部（2003）：平成14年度伊予灘，周防灘，別府湾における底泥からの栄養塩類溶出把握実態調査，137pp.
35) 城 久（1986）：大阪水試研報，7，174pp.
36) 清木 徹（1990）：広島大学工学研究科博士論文，210pp.
37) K. Tada and S. Montani（1997）：*Fish. Sci.*, 63, 567-572.
38) 神山孝史・玉井恭一・辻野 睦（1997）：南西水研研報，30，209-218.
39) 神山孝史・辻野 睦・玉井恭一（1998）：南西水研研報，31，33-43.
40) J. Sarker, T. Yamamoto, T. Hashimoto and T. Ohmura（2005）：*Fish. Sci.*, 71, 593-604.
41) H. Wang, A. Appan, J. S. Gulliver（2003）：*Wat. Res.*, 37, 3928-3938.
42) 井内美郎：本書 第8章.

第7章　瀬戸内海の貧酸素水塊

7.1　はじめに

　貧酸素水塊がベントス・底生魚類など沿岸海域の生態系に多大な悪影響を与えることはよく知られている．貧酸素水塊の発生を防止することは，沿岸海域の環境保全のための最も基本的な課題である．貧酸素水塊の定義に関して，例えば，水産庁による水産1種，2種，3種の環境基準はそれぞれ，溶存酸素濃度（DO：Dissolved Oxygen）4 ml/L，3 ml/L，2 ml/L以上と定められていて，2 ml/L（2.86 mg/L）以下が貧酸素水塊と定義されている．

　瀬戸内海においては，1970年代から大阪湾・播磨灘・燧灘・広島湾・周防灘で貧酸素水塊発生の報告（文献は後述する）があり，永井（1996）[1]は水産資源保護の立場から，瀬戸内海沿岸部では水産2種（3 ml/L以上），沖合部では水産1種（4 ml/L以上）の環境基準が維持され，すべての海域で貧酸素水塊が発生しないような水質規制が望ましい，という提案を行っている．しかし，瀬戸内海全域における底層の溶存酸素濃度が，経年的にどのように変動しているかは明らかにされてはいない．

　この章では環境庁（現：環境省）による長年の観測データを用いて，瀬戸内海の貧酸素水塊がどのような時間・空間変動をしているのかを明らかにする．

7.2　瀬戸内海全域における底層の溶存酸素濃度の経年変動と空間変動

　瀬戸内海全域で共通に底層の溶存酸素濃度が測定され始めたのは，1978年から始まった環境庁（現・環境省）による瀬戸内海広域総合水質調査においてである．この調査では瀬戸内海全域の約120点（図7.1に示す各点）で，透明度，表層（海面下0～1 m）・底層（海底上1～5 m，水深55 m以深では50 m深）の水質（透明度，水温，塩分，溶存無機態窒素（DIN），溶存無機態リン（DIP），クロロフィルa濃度（chl.a），DO），が，年度内に計4回（概ね，5月，7月，10月，1月）測定されている．

　これらのデータの中から，成層期である7月のデータを用いて貧酸素水塊の経年変動を調べたいが，最初に7月の1回のデータがその年の貧酸素水塊の特性を表すかどうかを検討しておく．図7.2に1997～2004年の毎月の公共水域水質測定データをもとに大阪湾東部海域で平均された底層溶存酸素濃度の季節変動を示す．図中の縦棒は標準偏差を示す．底層の溶存酸素濃度は，水温が上昇し成層が発達する6月に低下し，6～9月が低濃度で，海面冷却が大きくなる10月に上昇している．これより，毎年7月の1回の観測データを用いて，底層の貧酸素水塊

の経年変動を論じる事は可能であると考え，以下の議論を進める．

図7.3に各年7月の底層における，瀬戸内海全域平均の水温（TEMP）・塩分（SAL）・溶存酸素濃度（DO）の1981〜2000年の間の経年変動を示す．図中の縦棒は標準偏差を表す．底層の平均水温は経年変動しながら，近年やや上昇気味である．平均塩分については経年変動はあるが，この20年間で長期変化傾向は見られない．底層の溶存酸素濃度は約6.5 mg/Lで，これも長期変化傾向は見られない．底層にもかかわらず，このように7月の溶存酸素濃度が高いのは，鉛直混合の大きい海峡付近も含めて，瀬戸内海全域で観測データを平均しているためである．

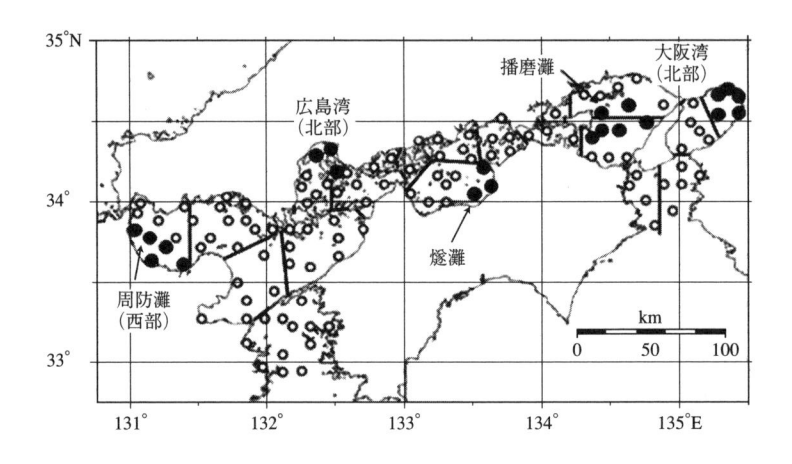

図7.1　瀬戸内海の観測点

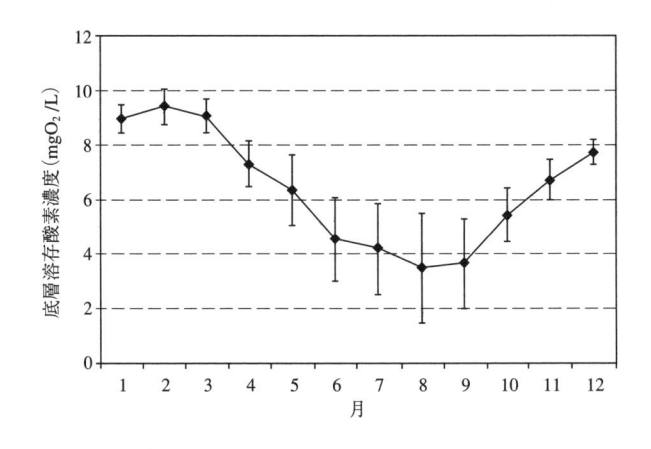

図7.2　大阪湾東部における底層溶存酸素濃度の経月変動（1997〜2004の平均）．縦棒は標準偏差を表す．

7.2 瀬戸内海全域における底層の溶存酸素濃度の経年変動と空間変動

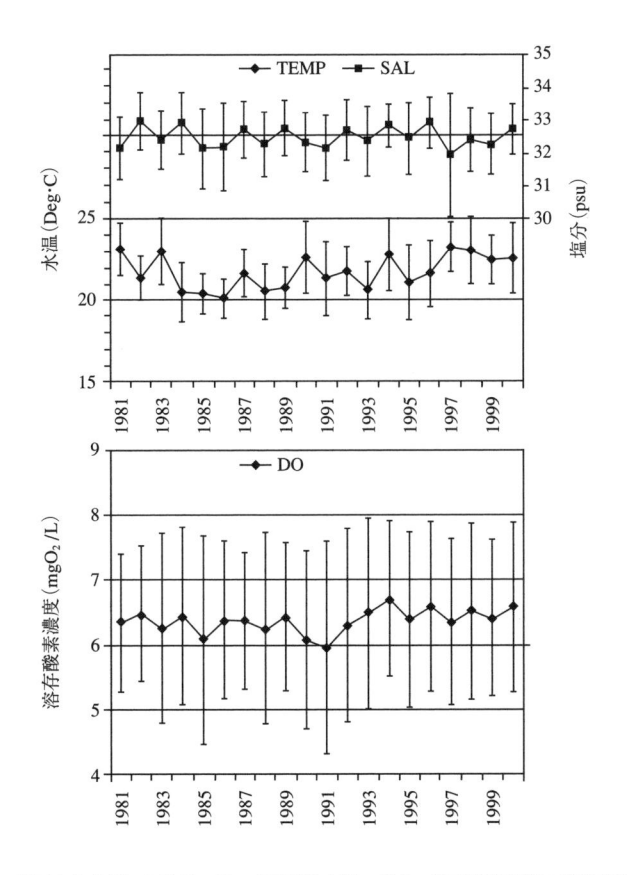

図7.3 瀬戸内海全域における7月の底層平均水温・塩分・溶存酸素濃度の経年変動．縦棒は標準偏差を表す．

　1981年と2000年の7月における底層の溶存酸素濃度の空間分布を図7.4に示す．これを見ると，両年とも大阪湾奥部・播磨灘中央部・燧灘東部・広島湾奥部・周防灘南西部で溶存酸素濃度が低下している．

　これらの海域に関しては，それぞれ個別に貧酸素水塊に関する論文がすでに発表されている．例えば，大阪湾奥部に関しては藤原ら（2004）[2]，播磨灘中央部に関してはYanagi（1996）[3]，燧灘東部に関してはTakeoka et al.（1986）[4]，広島湾奥部に関しては湯浅ら（1995）[5]，伊達・清木（2006）[6]，周防灘南西部に関しては神薗ら（1996）[7]の報告がある．

　それらによれば，各海域の貧酸素水塊の最大鉛直スケール（層厚），最大水平スケール（水平的な拡がり），最大継続時間（台風などの襲来による一時的な貧酸素水塊解消は考慮しない）は表7.1のようにまとめられる．富栄養化が最も進んでいる大阪湾の貧酸素水塊が鉛直・水平スケールが大きく，継続時間も長い．ただこれらの報告はいずれもある年（または数年）の現地観測結果に基づき，その海域の貧酸素水塊の生成・維持・消滅機構を論じたもので，それぞれの海域における貧酸素水塊の経年変動特性は明らかにされていない．

第7章　瀬戸内海の貧酸素水塊

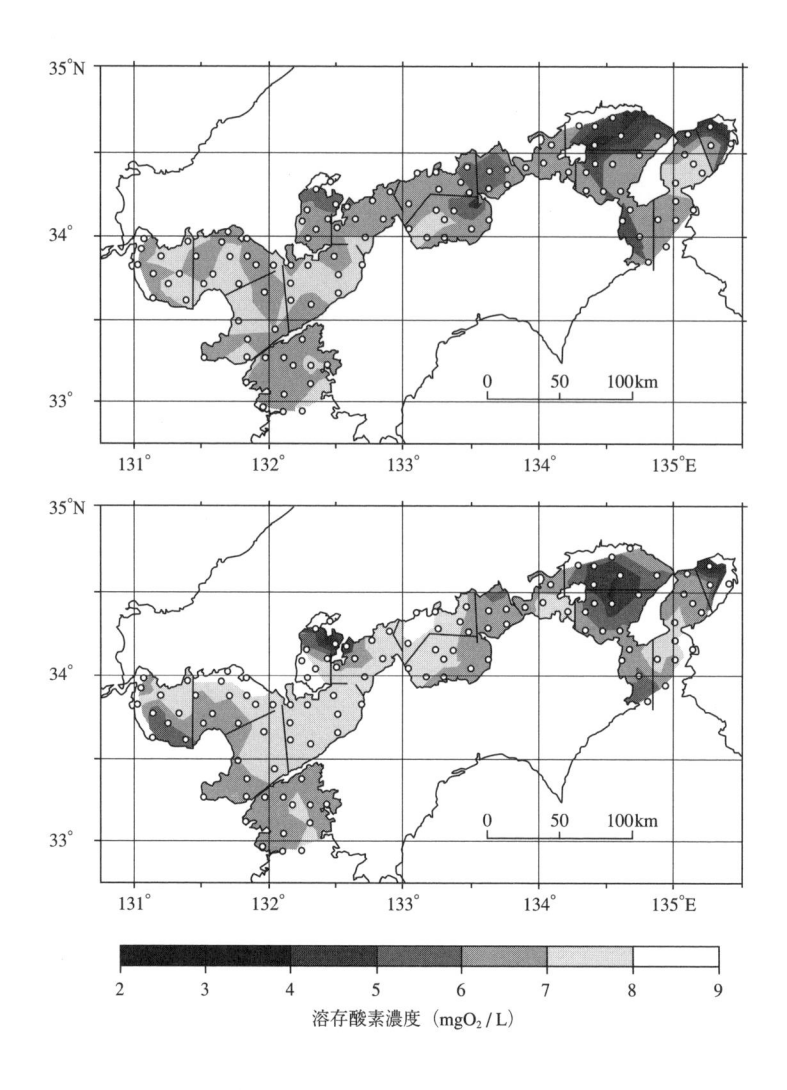

図7.4　1981年（上）と2000年（下）の瀬戸内海全域における7月の底層溶存酸素濃度分布.

表7.1　瀬戸内海各灘・湾の貧酸素水塊の特製

	Maximum height (m)	Maximum scale (km)	Maximum duration (月)	Reference
大阪湾	10	20	3	2)
播磨灘	5	20	2	3)
燧灘	5	10	2	4)
広島湾	5	10	3	6)
周防灘	5	10	0.5	7)

7.3 大阪湾・播磨灘・燧灘・広島湾・周防灘における底層溶存酸素濃度の長期変化傾向

1981～2000年の7月に底層の溶存酸素濃度が低下していた大阪湾奥部・播磨灘中央部・燧灘東部・広島湾奥部・周防灘南西部（各海域の平均に用いた観測点を図7.1に黒丸で示す）における，7月の底層の水温・塩分・溶存酸素濃度の経年変動を図7.5に示す．各海域とも底層の溶存酸素濃度の年々の変動幅は大きい．この理由については後述する．

大阪湾の平均値は約3 mg/Lで，図7.2に示した7月の値約4 mg/Lより低い．これは図7.2が大阪湾東部全域での底層濃度を平均しているのに対して，図7.5は特に貧酸素水塊が発達する大阪湾奥部での底層濃度を平均しているためである．播磨灘・燧灘・広島湾・周防灘での底層溶存酸素濃度は約5～6.5 mg/Lでかなり高い．これは表7.1に示したように，これらの海域の貧酸素水塊の鉛直スケールが大阪湾と比較すると薄く，底層の観測層（海底上1～5 m）が海底直上のより低い溶存酸素濃度値を十分とらえきれていないことに原因があると考えられる．また周防灘では1985年と1991年に極端に底層溶存酸素濃度が減少している．これはこの両年の7月に山国川からの大量の河川水流出に伴い，周防灘西部沿岸に大規模な貧酸素水塊が発生したためである[8,9]．

図7.5の底層溶存酸素濃度観測値は貧酸素水塊中の低い濃度値を十分とらえていない可能性が高いが，貧酸素水塊が発達したかどうか（図7.5のDO観測値が低いほど貧酸素水塊が発達していたはずである）の指標にはなるので，この観測値を使って，各海域の貧酸素水塊の経年変動特性を調べる．

1981～2000年の20年間にわたる底層溶存酸素濃度の長期変化傾向（図中に破線で示す）については，大阪湾・播磨灘・燧灘・広島湾では横ばいだが，周防灘では上昇（$p < 0.05$）と，周防灘のみ変化傾向が異なっている．

各海域の長期変化傾向の原因を探るために，貧酸素水塊発生に関わると考えられる，各海域の基礎生産量（表層の溶存酸素飽和度で表す）と成層度（表層・底層の密度差で表す）の経年変動を調べた．基礎生産量が大きいと底層への有機物負荷量が増加して，貧酸素水塊が強化され，成層度が大きくなれば，表層から底層への酸素供給が阻害されて，貧酸素水塊が強化される，と考えられるからである[10]．

各海域における表層の溶存酸素飽和度，表層と底層の密度・密度差の経年変動を図7.6に示す．表層の溶存酸素飽和度は各海域で100～180％と過飽和の状態を示している．溶存酸素飽和度が180％を超えた1991年7月の大阪湾では *Prorocentrum micans* の，1996年7月には *Skeletonema coastatum* の大規模な赤潮が発生していた[11]．

破線で示した表層の溶存酸素飽和度の長期変化傾向は，大阪湾と広島湾では上昇気味（統計的には有意でない），他の海域では横ばいとなっている．同じく破線で示した表層・底層の密度差の長期変化傾向は，大阪湾と広島湾では減少気味（統計的には有意でない），他の海域では横ばいとなっている．

大阪湾と広島湾の表層の溶存酸素飽和度が上昇しているのは，瀬戸内海全域における短波放射量（大阪，高松，広島，下関気象台の各年7月平均値）が，図7.7に示すように近年増加し

第7章 瀬戸内海の貧酸素水塊

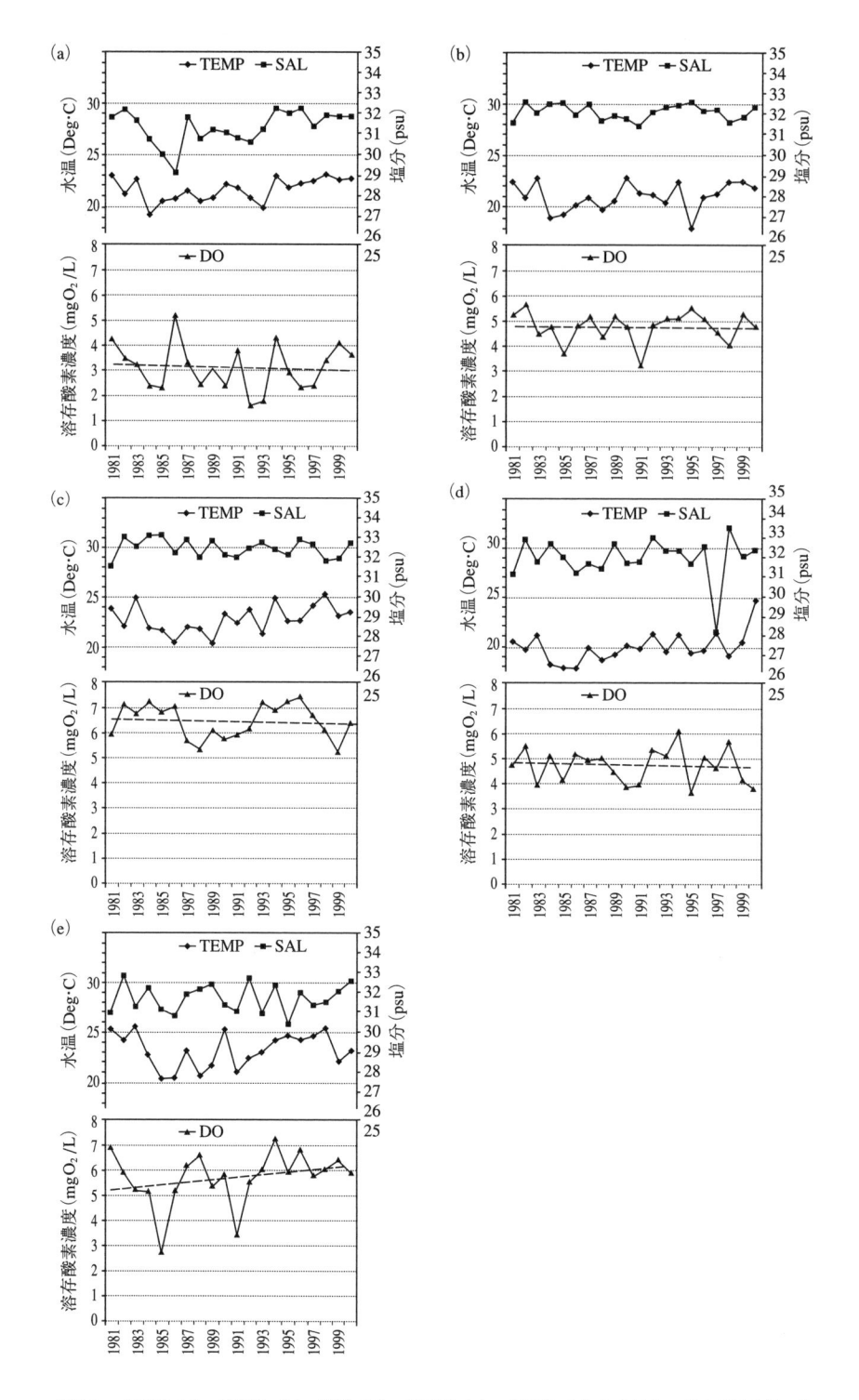

図7.5 大阪湾（a），播磨灘（b），燧灘（c），広島湾（d），周防灘（e）における7月の底層水温・塩分・溶存酸素濃度の経年変動．破線は溶存酸素濃度の経年トレンドを表す．

7.3 大阪湾・播磨灘・燧灘・広島湾・周防灘における底層溶存酸素濃度の長期変化傾向

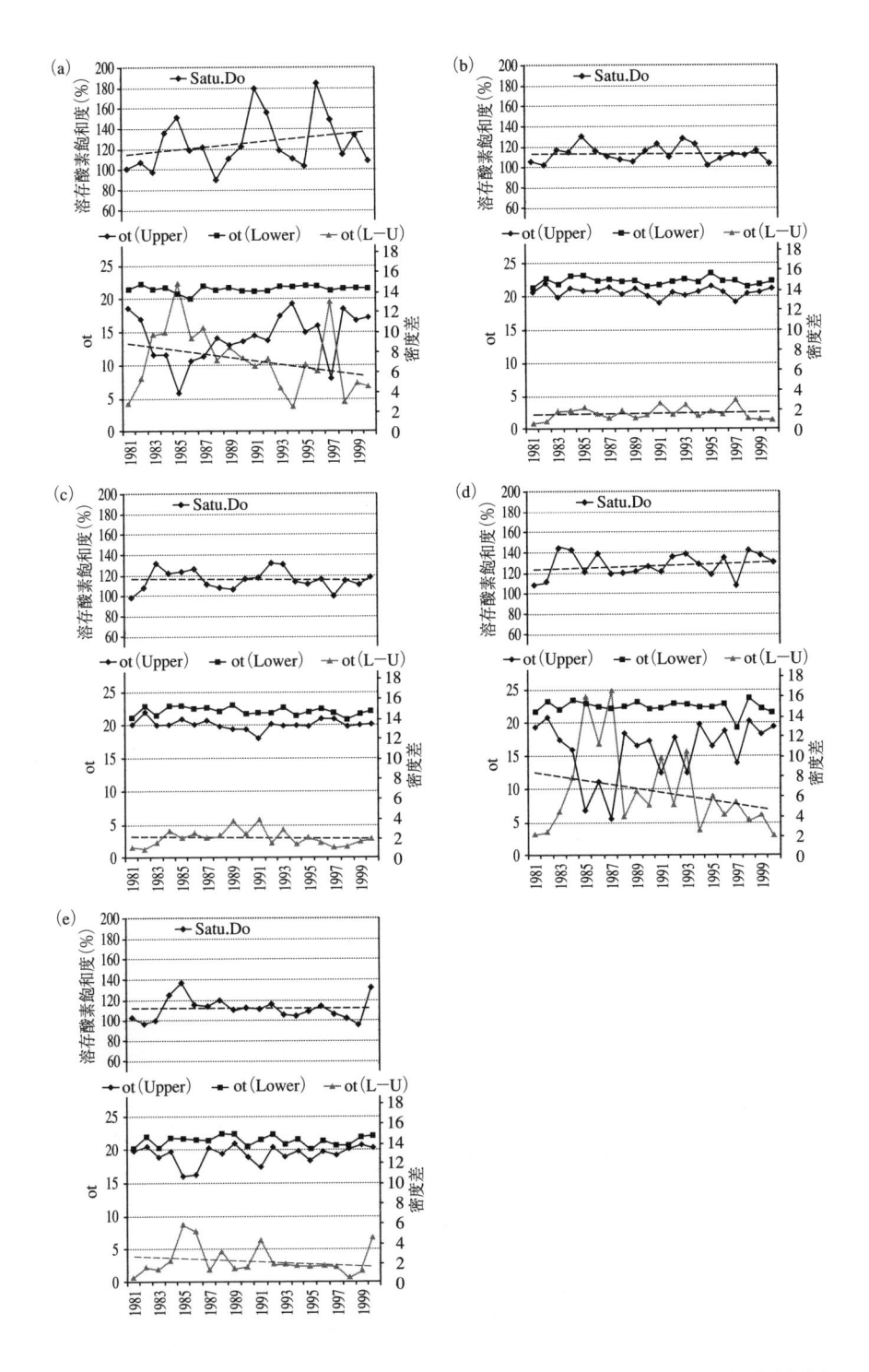

図7.6 大阪湾（a），播磨灘（b），燧灘（c），広島湾（d），周防灘（e）における7月の表層酸素飽和度・表層密度・底層密度・表底層密度差の経年変動．破線は経年トレンドを表す．

ているためだと考えられる．短波放射量は瀬戸内海全域で増加しているにもかかわらず，大阪湾と広島湾でのみ表層の溶存酸素飽和度が上昇している理由は，大阪湾奥・広島湾奥では栄養塩濃度が高く[12]，表層の基礎生産量が主に短波放射量に依存するのに対して，他の海域は基礎生産量が主に栄養塩濃度に依存していて，それが近年減少し[12]，短波放射量の増加の効果を打ち消しているためだと考えられる．

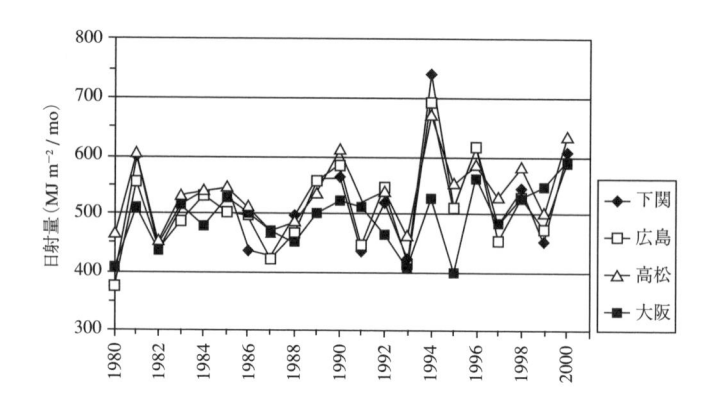

図7.7 大阪・高松・広島・下関における7月の日射量の経年変動

大阪湾奥と広島湾奥の表層・底層密度差が減少している理由は図に示されているように底層の密度は変化しないで表層の密度が大きくなったため，近年大阪湾・広島湾の表層塩分が上昇している[13]ためである．

以上の結果，大阪湾奥・広島湾奥では近年表層の基礎生産量は大きくなっているにもかかわらず，表層・底層の密度差は小さくなっていて，底層の溶存酸素濃度の長期変化傾向は見られないという結果が得られたと考えられる．また播磨灘中央部・燧灘東部では表層の基礎生産量，表層・底層の密度差ともに長期変化傾向が見られないので，底層の溶存酸素濃度の長期変化傾向も見られないという結果が得られたと考えられる．

一方，周防灘における底層の溶存酸素濃度の上昇傾向は，表層の基礎生産，表層・底層の密度差の長期変化傾向が見られないので，この2つの要因では説明できない．周防灘における底層の溶存酸素濃度の上昇傾向は，近年周防灘表層の栄養塩濃度が低下し（図7.8a），クロロフィルa濃度が低下し（図7.8b），透明度が上昇し（図7.8b），下層への太陽放射が増加して，周防灘底層の付着珪藻[14]の光合成量が増加しているためだと考えられる．

いずれの海域でも陸からのCOD（化学的酸素要求量）・TP（全リン）・TN（全窒素）負荷量はこの20年間，統計的に有意に減少している[12]．このことは周防灘を除いて，陸からの栄養物質負荷削減は，太陽放射や成層強度の経年変動と比較すると，結果的には瀬戸内海における成層期の貧酸素水塊発生防止に効果的ではなかったことを示唆している．

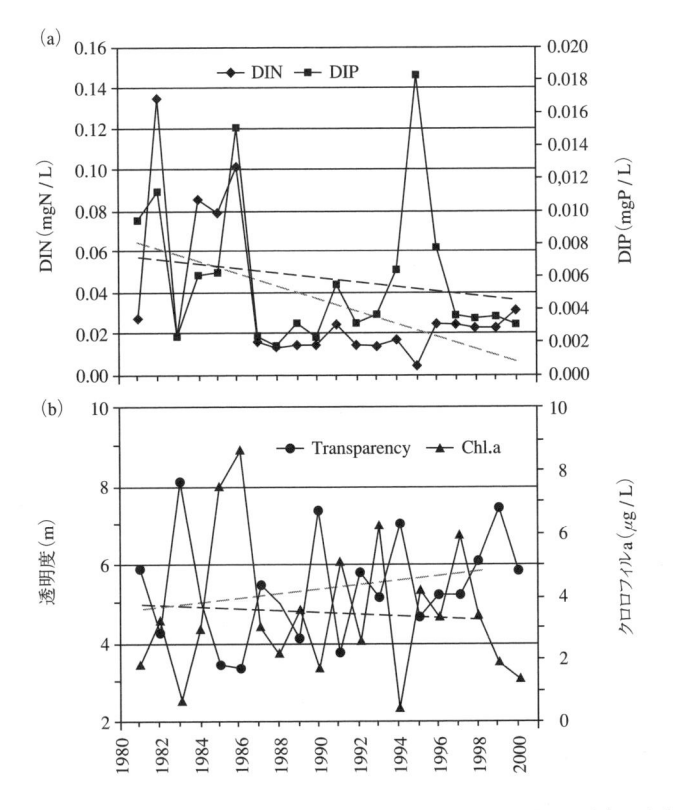

図7.8 周防灘表層における7月のDIN・DIP (a)，クロロフィルa・透明度 (b) の経年変動．

7.4 大阪湾・播磨灘・燧灘・広島湾・周防灘における底層の溶存酸素濃度の経年変動

先述したように，各海域における各年の底層溶存酸素濃度の経年変動幅は大きい．この原因を明らかにするために，各海域における7月の底層溶存酸素濃度を目的変数，表層溶存酸素飽和度（Satu.DO；基礎生産量の指標）と表・底層密度差（$\Delta \sigma t$；成層度の指標）を説明変数とした重回帰分析を行って，それらの関係を調べた．その結果，各海域の関係式は以下のようになった．

大阪湾奥部： DO (L) = $-0.008 \times$ Satu.DO (U) $- 0.074 \times \Delta \sigma t$ (L-U) $+ 4.65$
播磨灘中央部：DO (L) = $-0.024 \times$ Satu.DO (U) $- 0.36 \times \Delta \sigma t$ (L-U) $+ 8.07$
燧灘東部： DO (L) = $0.027 \times$ Satu.DO (U) $- 0.15 \times \Delta \sigma t$ (L-U) $+ 3.63$
広島湾奥部： DO (L) = $0.009 \times$ Satu.DO (U) $- 0.018 \times \Delta \sigma t$ (L-U) $+ 3.73$
周防灘南西部：DO (L) = $-0.003 \times$ Satu.DO (U) $- 0.55 \times \Delta \sigma t$ (L-U) $+ 7.20$

計算値と実際の底層溶存酸素濃度の経年変動の比較を図7.9に示す．播磨灘 (b)・燧灘 (c)・周防灘 (e) における底層溶存酸素濃度の経年変動はこの回帰式でほぼ説明できるが，大阪湾 (a)・広島湾 (d) の経年変動はこの回帰式ではうまく説明できない．このことは以下のことを

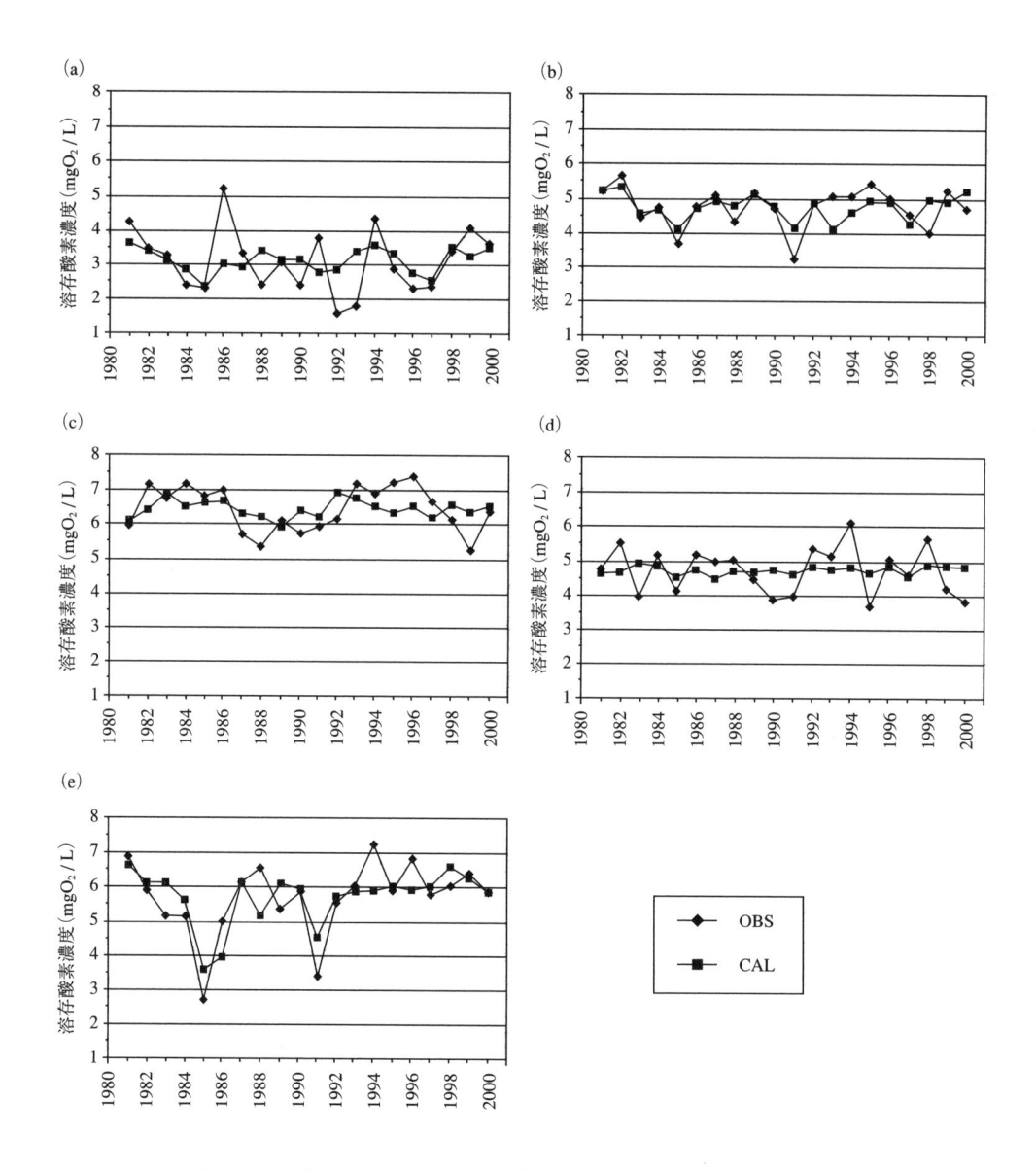

図7.9 大阪湾(a), 播磨灘(b), 燧灘(c), 広島湾(d), 周防灘(e)における7月の底層溶存酸素濃度の観測値(ダイヤモンド)と計算値(四角)の経年変動.

示唆していると考えられる.

　播磨灘中央部・燧灘東部・周防灘南西部のように,沿岸から大きな河川流入がない海域の貧酸素水塊発生・維持機構は,表層の基礎生産→生成有機物落下→底層の酸素消費→成層の発達による表層からの酸素供給量減少,という鉛直1次元過程でほぼ説明可能である.一方,大阪湾奥部・広島湾奥部のように,沿岸から大きな河川流入があり,河口循環流が卓越する海域では,底層の貧酸素水塊発生維持機構に対して,基礎生産量と成層度という鉛直1次元過程の

他に，河口循環流による水平的な酸素供給[2, 15]という，鉛直・水平2次元過程が関与している．

そこで，大阪湾に関しては淀川，広島湾に関しては太田川の7月の河川流量を説明変数に加えて，再度重回帰分析を行ったが，良い結果は得られなかった．その理由は，説明変数に7月の月平均河川流量値を用いたためで，実際の水平過程は河川流量の日々変動に応じた数日程度の短時間の変動スケールをもっている[2, 10]ことに原因があると考えられる．公開されている環境省のデータセットには現地観測を行った日が書き込まれていないために，これ以上の細かい解析は現在のところ不可能であるが，将来現地観測の日が明らかにできたら，より短時間スケールの重回帰分析を行ってみたいと考えている．

7.5 おわりに

以上の解析の結果，播磨灘中央部・燧灘東部・周防灘南西部における貧酸素水塊の発達度合いの経年変動は，有光層における基礎生産の大きさと成層度の発達度合いという2つの要因で主に決まっているが，大阪湾奥部・広島湾奥部では，その他に，河口循環流による水平方向の酸素輸送過程が重要な役割を果たしていることが示唆された．

さらに1981～2000年にかけて，周防灘を除く海域では底層の溶存酸素濃度に長期変化傾向は見られないが，周防灘では底層の溶存酸素濃度が統計的には有意な上昇傾向をもっていた．これは，栄養塩濃度低下のための表層基礎生産量低下による透明度の増大と太陽短波放射量増大によって，海底の付着珪藻の基礎生産量が増大していることによるらしいことがわかった．

これらの結果は，瀬戸内海において貧酸素水塊を解消するためには，各海域の海域特性に応じた対策が必要であることを示唆している．例えば，周防灘南西部では底層の付着珪藻の基礎生産量を増大させるような対策が有効であるし，播磨灘中央部・燧灘東部では栄養塩負荷を減らし有光層の基礎生産量を減少させることで，貧酸素水塊の発達を抑えることが可能だが，大阪湾奥部・広島湾奥部では，それ以外に水平的な酸素供給量を増加させるような対策が有効となる，ことを示唆している．

瀬戸内海の生態系と生物資源を保全するためには，貧酸素水塊の発生を防止するためのさらなる基礎研究が必要とされる．

参考文献

1) 永井達樹（1996）：岡市友利・小森星児・中西　弘編「瀬戸内海の生物資源と環境」，恒星社厚生閣，100-108.
2) 藤原建紀・岸本綾夫・中嶋昌紀（2004）：海岸工学論文集，51, 931-935.
3) Yanagi, T. (1996)：*Red Tide* ed. by T.Okaichi., Terra Scientific Publishing Company, Tokyo, 259-322.
4) Takeoka, H., T.Ochi and T.Takatani (1986)：*J.Oceanogr. Soc*. Japan, 42, 12-21.
5) 湯浅一郎・山崎宗弘・橋本英資・宝田盛康・田辺弘道（1995）：中国工業技術試験所報告，44, 9-17.
6) 伊達悦二・清木　徹（2006）：広島県保健環境センター研究報告，14, 1-14.
7) 神薗真人・江藤拓也・佐藤博之（1996）：海の研究，5, 87-95.
8) 神薗真人・吉田幹英・荒田敏生（1991）：福岡県豊前水産試験場研究報告，4, 185-197.
9) 馬込伸哉・磯辺篤彦・神薗真人（2002）：沿岸海洋研究，40, 59-70.

10) 柳　哲雄（2004）：海の研究，13，45-460.
11) 水産庁瀬戸内海漁業調整事務所（1992，1997）：瀬戸内海の赤潮.
12) 石井大輔・柳　哲雄（2004）：海の研究，13，389-401.
13) 石井大輔・柳　哲雄・高橋　暁・塚本秀史（2006）：2006年度秋季日本海洋学会講演要旨集，125.
14) Sarker, M. J., T. Yamamoto, T. Hashimoto and T. Ohmura（2005）：*Fisheries Science*, 71, 593-604.
15) 橋本俊也・上田亜希子・山本民次（2006）：水産海洋研究，70，23-3.

第8章　海砂問題

8.1　海砂採取の歴史・現状・今後

8.1.1　はじめに

2006年3月をもって瀬戸内海全域で海砂採取は終了した．1997年広島県に端を発した海砂採取中止の動きは愛媛県を最後に幕を閉じた．海砂問題とはどのような問題であったのか，その歴史・現状・将来について述べることにする．

8.1.2　海底骨材資源採取

資料として海底骨材資源が登場するのは1963年のことである[1]．それまで河床および砕石が主体であったものが，これ以降台地・平野とともに海底からの供給が報告されるようになる．厳密には砂利資源と砂資源は異なる．前者は礫サイズの粒子も含むのに対して，後者は粒径として砂サイズのものを指す．ここでは海砂資源について述べることにするが，瀬戸内海全域では，1968年以降の資料があり，1999年までに7.3億m^3の海砂利が採取されている[2]．1968年度から1999年度までの瀬戸内海での採取量は，香川県で最も多く1.6億m^3，ついで岡山県と広島県の約1.4億m^3，愛媛県の約1.1億m^3となっている．

8.1.3　海砂採取は何を取り巻く問題であったのか

海砂採取は，そのほとんどがある共通した海域で行われていた．海砂採取の問題について検討する際，資源量や再生産の可能性，採取に伴う環境への影響が主な関心事となったが，それを知るために重要なのは，まずそれが行われていた場所の特定と瀬戸内海における全体像を押さえることが必要であった．すでに第2章で，瀬戸内海にはどこにでも砂（砂質堆積物）があるわけではないことを述べた．瀬戸内海に分布する砂には2種類ある．1つは海岸付近に分布する砂，もう1つは海峡部に近い海域にあって，海峡部より潮流がややおだやかになった海底にある砂である．海砂採取が後者の海域で行われていることは，海砂採取認可海域がどこに分布しているかを見れば，一目瞭然である．建設省国土地理院（当時）の調査結果を基に判断すれば，海砂採取認可海域（図8.1）は瀬戸内海が海になってからたまった地層が厚く分布し（図8.2 [3]），底質が砂である海域（図8.3）と一致する．つまり，海底の砂山（我々はこれを砂堆とよんだ）から海砂がとられていたわけである．これはちょっと考えればわかることで，船を1カ所にしばらくとどめてポンプで砂を海水と一緒に汲み上げる方法を採るとすれば，砂が

第8章 海砂問題

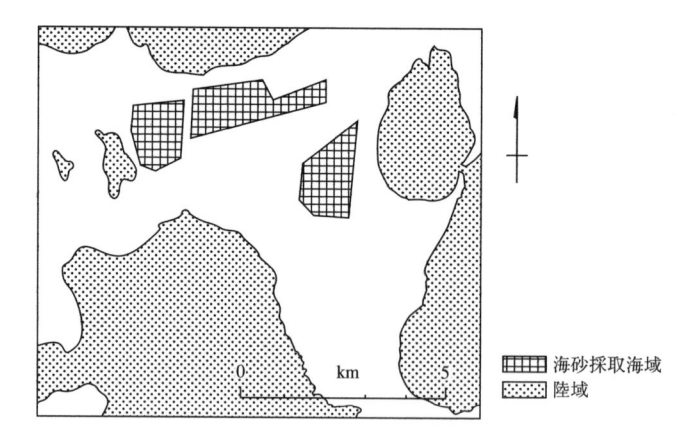

図8.1 海砂採取認可海域の例．編み目が砂利採取認可海域を示す．

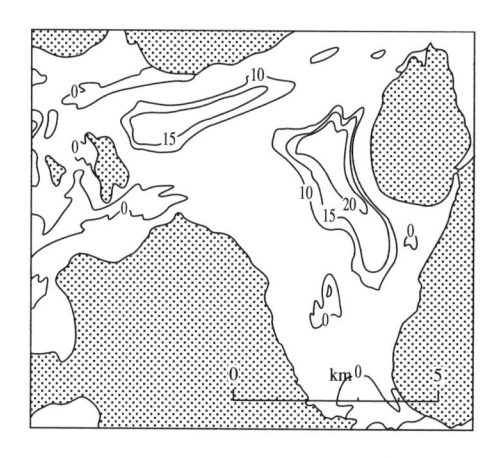

図8.2 瀬戸内海形成以降の堆積物層厚分布図例．層厚の単位はm．

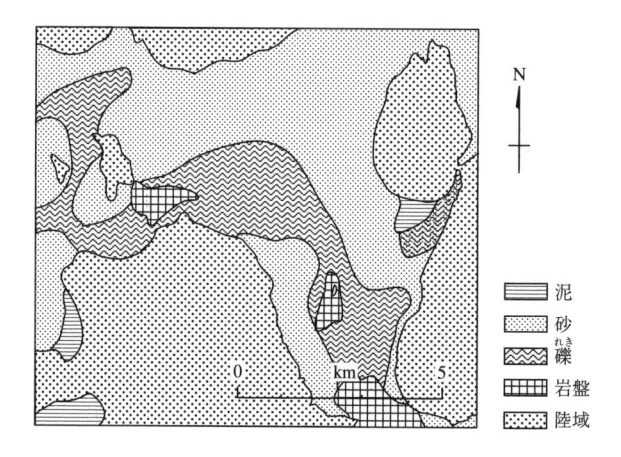

図8.3 底質分布図例．認可海域は「砂」の分布域である．

厚くたまっていることが作業効率を考えれば必須の条件である．砂層が薄い海域では，作業の効率は非常に悪くなる．認可海域は前者のようなところに設定されており，砂層が薄いところには見られない．以上のことから，海砂採取にまつわる問題は，砂堆を形成している砂質堆積物の成因・量・形成速度および砂堆周辺環境から発生する濁水の拡散に関する問題であることが明らかになった．では，砂堆はどのように形成されたものであろうか．

8.1.4 砂堆の成因

瀬戸内海には大きく分けて2種類の砂があることはすでに述べた．海岸付近の浅い海域にある砂の多くは，河川を通じて山や平野から運び込まれたもの，および波浪によって砕かれた海岸付近の岩石の粒が波の作用で海岸に沿って移動したものである．一方，海峡近傍のやや深い海底にある砂は，潮流が海底を浸食した結果形成された岩石・鉱物片が潮流によって運ばれ，潮流が減衰したところで堆積したものである．砂堆を構成する砂粒子は，そのほとんどが後者のものである．最近の砂堆の研究結果から，海峡（海釜）からは岩石片・鉱物粒子の他，フジツボなどの岩盤付着性生物の破片がもたらされていることが明らかになってきた．このことから砂堆を形成する堆積物の組成も当初の岩片・鉱物片を主体とするものから生物片を主体とするものへと順次変化した可能性がある．砂堆の形成には潮流が大きく関与していることが明らかである．つまり，潮流が発生するようになって砂堆の形成が始まっている．砂堆も歴史的な産物であるといえる．砂堆の形成は瀬戸内海が海域となり，潮汐流によって海底が浸食を受けるようになって初めて形成され始めたものであり，それは海底の音波探査の記録で，砂堆を構成する堆積層が瀬戸内海形成以降にたまった地層に連続的に変化していることからも確認できる．第2章で，瀬戸内海の海底に広く分布する砂質堆積物は海峡近傍の海釜域が浸食を受けそこから運搬されてきたものであることを述べたが，砂堆を形成している砂質堆積物も成因的には同様である．以上のことから，砂堆の形成には瀬戸内海形成以降の数千年間を要したことがわかる．つまり，上方への砂堆の成長速度は非常に遅く，速いところでも年間数mm程度である．この砂堆を消失させるならば，その回復には少なくとも同程度の期間が必要であろう．現在多くの海峡部ではすでに潮流による浸食力と海底地形とは平衡に達していることも考えられる．その場合，砂堆の回復にはさらに長期間が必要ということになる．

8.1.5 海砂採取の問題点

海砂採取の影響および争点とされた事項は以下の事項である．海岸浸食，地盤沈下，藻場の喪失，生物への影響，流れの変化，環境破壊の継続，採取継続の可能性などである．このうち，海岸浸食および地盤沈下に関しては，確かに時期的に近接しており，海砂採取が原因と考えられてもおかしくない状況であった．しかし，海砂採取は原則として海岸付近の砂ではなく，沖の砂をとっており，本来的にはそれらの問題とは無関係のはずである．それが海岸浸食や地盤沈下を起こしたとすれば，一説によれば，夜陰に乗じて海岸付近の砂がとられていたということがあり，それが原因となった可能性がある．海岸近傍の砂をとれば，海岸浸食・地盤沈下につながることは大いに考えられる．

藻場の喪失に関しては，「余水」と呼ばれる懸濁水が海砂採取に伴って発生し，海砂採取船から大量に排出されたことが当時から問題とされ，その拡散について議論があった．採取側は，高濃度の懸濁水が排出されても，採取船から離れると直ぐに海水は透明となる，と反論したが，懸濁水を構成する粒子の粒径からその沈降にはかなりの時間を必要とし，粒子が沈降するまでの間にかなり広い範囲まで拡散する可能性のあることが理論的に示された．実際，海砂採取が中止されて以降，瀬戸内海各地で藻場が回復したという報告がなされている[4]．海砂採取によって海底の砂地に夏眠するイカナゴやナメクジウオの住処が奪われるということが問題とされた．特に，瀬戸内海における食物網の鍵となる種（キースピーシーズ）とされたイカナゴが好む砂の粒度と，コンクリートなどに適した砂の粒度がほぼ一致する（0.5～2 mm）とされ，イカナゴ資源さらには他の魚種への影響も懸念された．魚種の増減には，環境要素以外にも原因が考えられ，因果関係を証明することは困難であるが，海砂採取中止後イカナゴ資源が回復しつつあるという．以上のことに関する詳細は8章2～4節で述べられる．

流れの変化に関しては，単純化して述べれば，水路を狭めていた砂堆がなくなったり小さくなったことで水路の断面積が大きくなり，海域の潮流速は一般的にはやや小さくなっていることが数値計算の結果示された．しかし，砂がたまっている海域に泥が溜まり始めるほどの流速低下はないとされている．

採取継続の可能性については，海砂資源が歴史的な産物であり，その回復には長期間を要することからやがてはなくなる資源，つまり化石資源的な取り扱が必要だということが広く認識されるに至り，その有限性が採取中止の判断根拠の1つとされた．残った課題は，底質が礫化した海底環境の回復に関する課題である．

8.1.6 採取後跡地の変化

採取跡地の変化について，三原瀬戸海域（竹原沖海域）と大三島南方海域を例に述べる．

三原瀬戸海域は海砂採取海域の中でも地形変化が最も激しく，かつては10 m以浅の海域もあったとされる能地堆・布刈の洲と呼ばれた浅瀬が，水深50 m以深の海域へと変化している（図8.4 [5]）．この海域では底質の変化も激しく，礫が広く分布しているのが海底ビデオカメラなどで確認されている．このような海域においても砂質堆積物の分布が局所的に見られ，その一部が年間数十mの速さで移動していることが継続的な調査で確認されている（図8.5）．その原因として，僅かに残された取り残しの砂が潮流によって移動させられ，礫化した海底を僅かではあるが覆うことによって修復していることが考えられる．ただし，砂の移動が確認されるのは限られた海域であり，海砂採取に伴って形成されたと考えられる激しい凹凸地形が未だにそのまま残っている海域が広く確認される．この海域では砂の生産量が少ないため，全域の礫を砂が覆うような現象は見られていない．

一方，大三島南方沖海域では，もともとあった砂堆が根こそぎ取り去られることがなかったため，底質の回復が見られている．この海域では砂堆全域が採取認可海域とはされなかった経緯があり，認可海域以外での採取と思われる海底地形の変化も見られるが，砂堆を構成する砂質堆積物がかなり残されている．採取後海域では周辺の海底から砂質堆積物の側方供給があり，

8.1 海砂採取の歴史・現状・今後

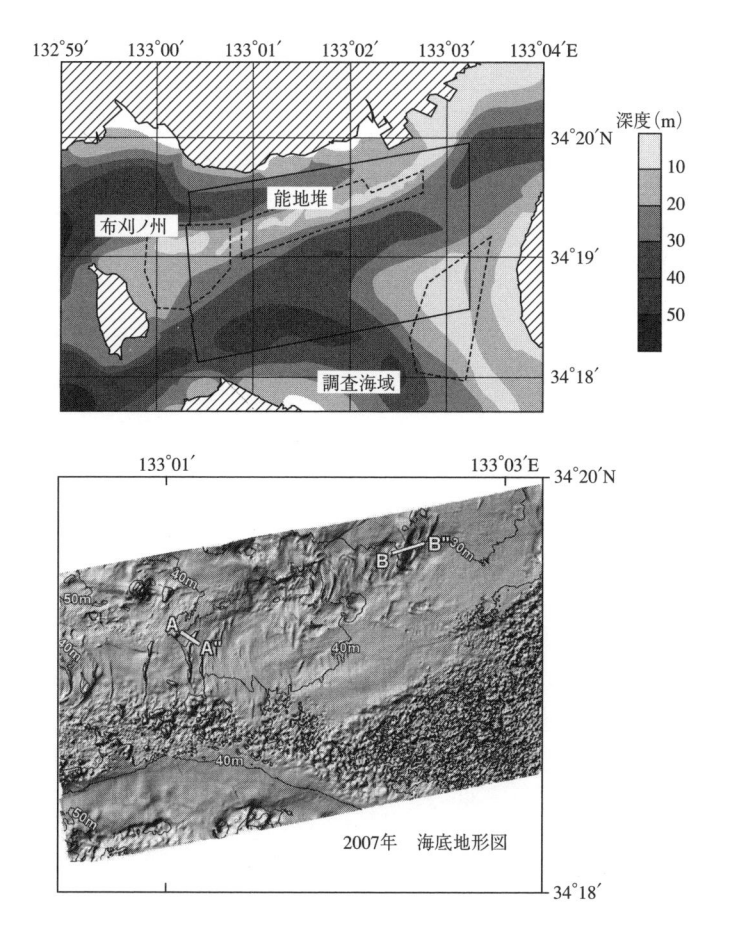

図8.4 三原瀬戸海域の水深変化図．1963年と2007年の海域水深比較．水深は図中に凡例を示す．

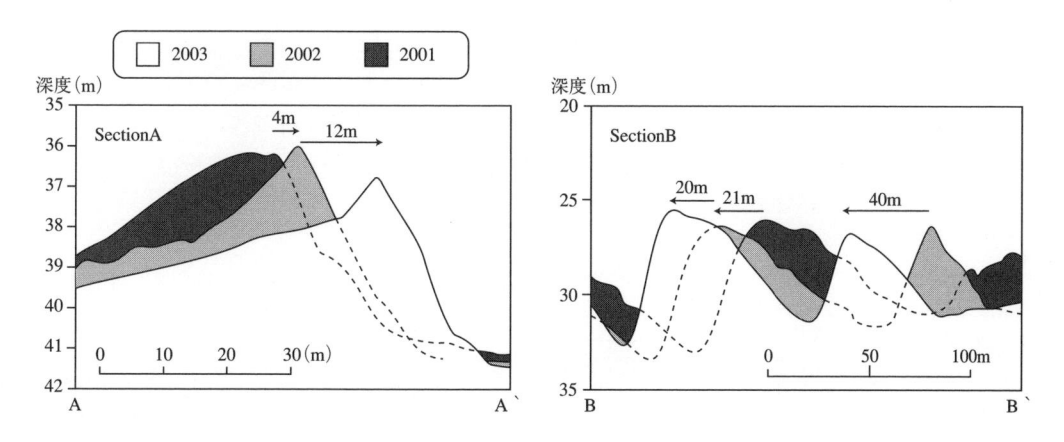

図8.5 砂浪地形の移動状況．2001年，2002年，2003年における砂浪の移動を示す．

礫化した海底にもより細粒な砂が移動したことを示す堆積物の粒度組成が観察される．このことから，三原瀬戸海域とは異なり，大三島南方海域のように礫化した海底も側方から移動した砂により底質の修復が見られる可能性がある．ただし，海砂採取によりやせてしまった砂堆の体積が回復する速度は小さく，砂堆体積の回復には数千年という時間が必要であると考えられる．

8.1.7 まとめ

「まとめ」に代えて海砂採取後海域の今後の展望についてコメントしたい．海砂採取の終了に伴って，海砂採取によって直接的に発生した問題点については改善が見られている．例えば，余水による懸濁水の発生は収まり，藻場は回復してきているといわれている．また，底質の悪化もこれ以上は進行しないであろうし，イカナゴなどの水産資源も長期的には回復するかもしれない．一方，消失した砂堆の地形が回復する見込みはほとんどない．問題は，住処を失ったとされるイカナゴに関連して，礫化した底質の修復に関する事項である．藤原（私信）によれば，礫化した海底でも砂が厚さ10 cm程度覆えば，イカナゴの生息は可能になるという．大三島南方海域ではそのような底質の修復は十分に期待される．また，砂がほとんど残らない程度にまで採取された海域では，人工的に砂を投入し潮流による自然の移動に任せれば底質の修復が可能になるかもしれない．これに関しては，埋め戻し材の投入の是非を含めて，投入の場所や投入量に関するさらなる理論的検討と実地調査が必要であろう．

繰り返すが，砂堆全体の地形的な回復に関しては可能性が低いが，底質の修復は可能性があることが今回の著者らの議論の中で示された．近傍の海底からの堆積物の側方移動により底質が10 cm程度覆われることは可能と考えられる．経済的な投資対効果の検討を含めてさらに検討を期待したい．

文　献

1) 環境省水環境部閉鎖性海域対策室（2002）：瀬戸内海における海砂利採取とその環境への影響，環境省水環境部閉鎖性海域対策室，p.75．
2) 建設省国土地理院（1978）：沿岸海域基礎調査報告書（三津地区），建設省国土地理院，p.56．
3) 建設省国土地理院（1979）：沿岸海域基礎調査報告書（土生地区），建設省国土地理院，p.72．
4) 湯浅一郎・高橋　暁（2006）：瀬戸内海，45，7-12．
5) 井内美郎（2006）：瀬戸内海，45，20-25．

8.2 海砂採取時の濁水の挙動

8.2.1 海砂採取が環境に及ぼす影響の調査・研究

海砂採取に伴う水質・底質，地形，生態系などへの影響が懸念され，2006年の愛媛県を最後に，瀬戸内海の全海域で海砂の採取は禁止された．しかし，海砂採取の禁止が，即，環境修復に結びつくわけではなく，これまでに海域が海砂採取によって受けた影響を明らかにし，環境改善のための基礎的な知見を得ることは重要である．

海砂採取による環境への影響は大きく2つに分類できる．すなわち，第一には直接的な海底の掘削による砂層の消失や海底地形の変化であり，第二には海砂採取の際に採取船から排出される微細粒子による濁りの影響である．第一の海底の掘削による砂層の消失は，砂地を生息場所とするイカナゴなどの生物量減少，あるいは海底の掘削による海底地形変化が流況に及ぼす影響[1]という点で重要な問題となる．一方，第二の海砂採取船から排出される濁りの影響については，濁りの拡散と透明度の低下が問題となる．海砂採取はほとんどが水中ポンプを用いた採取船によって行われ，海水とともに汲み上げられた砂は数回篩にかけられた後，貯砂槽に収容され，砂よりも小さな粒子は汲み上げられた大量の海水とともに船外に排出される．この濁りによって周辺海域の透明度が低下し，植物プランクトンや海草の光合成を阻害することが懸念される．しかし，実際に海砂採取船から排水される高濃度水中の粒子が沈降するのにどのくらいの時間を必要とするのか，あるいは，高濃度水中の粒子がどの程度の時間で，どの程度の範囲まで拡散するのかについての調査・研究は極めて少ない[2~4]．この節では，特に，海砂利採取に伴って発生する濁りによる影響という観点から，海砂採取時の濁水の挙動について述べる．

8.2.2 海砂採取船から排出される高濃度水中の粒子含有量とサイズ

海砂採取船から排出される高濃度水中の懸濁粒子含有量（SS量）は非常に高く，350～650 mg/Lとされている[5]．海砂として採取される粒子は50～80％が500～2000 μmの粗粒子であり，それより小さい粒子は海底から採取されてもそのほとんどが吐水として採取船から排出されることになる[6]．その排出された高濃度水中の粒子サイズについて，海砂採取船の排水口から排出される濁水を直接採取し，コールターカウンターを用いて調べたところ，粒径5 μm以下の粒子が全粒子に占める割合は，個数で97～99％，体積で44～50％であったと報告されている[7]．多田ら（2006）[3]は，香川県小豆島付近の海砂採取海域で，海砂採取船に20～50 mまで近づき採取した海水表層の濁水を，孔径の異なるフィルターを用いてろ過することにより，粒子のサイズ分布を調べた．その結果，ほとんどの試料で，20 μm以上の粒子のSS量が全SS量に占める割合は約20％以下であり，0.4～10 μmのSS量が全SS量に占める割合は，32～85％（平均で52％）であった．すなわち，20 μm以上のサイズの粒子の占める割合はごく僅かで，ほとんどが10 μm以下のサイズであるといえる．実際に，光学顕微鏡観察においても10 μm以下のサイズの粒子が多く確認された．また星加ら（2006）[8]も，備讃瀬戸海域で海砂採取船の稼動時に採取された濁水の粒度組成の中央粒径は8 μmであったと報告している．こ

れらの結果を総合すると，現場で排出されている高濁度水中の粒子は，海砂として採取される粒子（500〜2000 μm）に比べてかなりサイズが小さいと考えられる．なお，この高濁度水中の粒子は，海水中に存在する各種粒子と比較してもかなり小さいことになる．例えば，瀬戸内海の主な動植物プランクトン種やその糞粒は，数十μmから数mmであり，これらに比べて海砂採取の際に排出されている高濁度水中の粒子サイズは極めて小さい．

8.2.3 海砂採取船から排出される高濁度水中の微粒子の沈降速度

高濁度水中の粒子の沈降速度を簡易に測定する方法として，高濁度水の濁度の時間変化から沈降速度を算出する方法がある[3]．この方法は，海砂採取船から排出される濁水を採取し，透明アクリル製の円筒にシリコン製チューブを装着した装置（図8.6）を用いて，粒子の平均沈降速度を求める方法である．実験の際には，この装置によく撹拌した濁水試料を入れ，実験開始後，図8.6中に示したシリンジにより円筒内の濁水試料を採取し，経時的に濁度（660 nmの吸光度）の測定（約50〜100時間後まで）を行う．

また，別に実験に用いた高濁度水をろ過海水で希釈した数段階の濃度の試水を調製し，それらの濁度とSS量を測定し，得られた値より両者の関係式を求め660 nmの吸光度からSS量を算出する．この測定により得られた粒子濃度の時間変化と沈降速度との関係は，以下の式で表される．

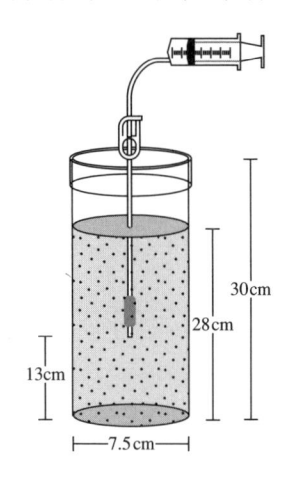

図8.6 濁度変化測定装置[2]

$$V \frac{\partial C}{\partial t} = -A \cdot W_s \cdot C$$

$$\therefore \quad C = C_0 \times \exp\left(-\frac{W_s}{H} \cdot t\right) \tag{1}$$

ただし，Cは粒子濃度，C_0は初期濃度，W_sは沈降速度，Aはアクリル製円筒の断面積，Vは体積，Hは水深，tは時間である．

図8.7に実験結果の一例を示した．図8.7（a）は濁度（660 nmの吸光度）が指数関数的に減少していく様子を，図8.7（b）は高濁度水の濁度とSS濃度の関係を示している．図8.7（b）で得られた関係式を用いて濁度をSS濃度に換算し，式（1）を用いて，得られた濁水中のSS濃度の時間変化（図8.7（c））より，沈降速度を算出した（表8.1）．香川県小豆島付近の海砂採取海域で実施した計6回の実験の結果，沈降速度は0.15〜0.77 m/日，平均で0.43±0.18 m/日（n=11）であった．この平均0.43 m/日という沈降速度は，海水中に存在する各種粒子のそれと比較すると極めて小さい．例えば，植物プランクトンの沈降速度は0〜30 m/日，動物プランクトンの一種であるコペポーダは36〜720 m/日，プランクトンの糞粒は36〜376 m/日，魚類の卵は215〜400 m/日であり[9]，海砂採取に伴い発生する濁水中の粒子の沈降速度がいかに小さいかが，よくわかる．

8.2 海砂採取時の濁水の挙動

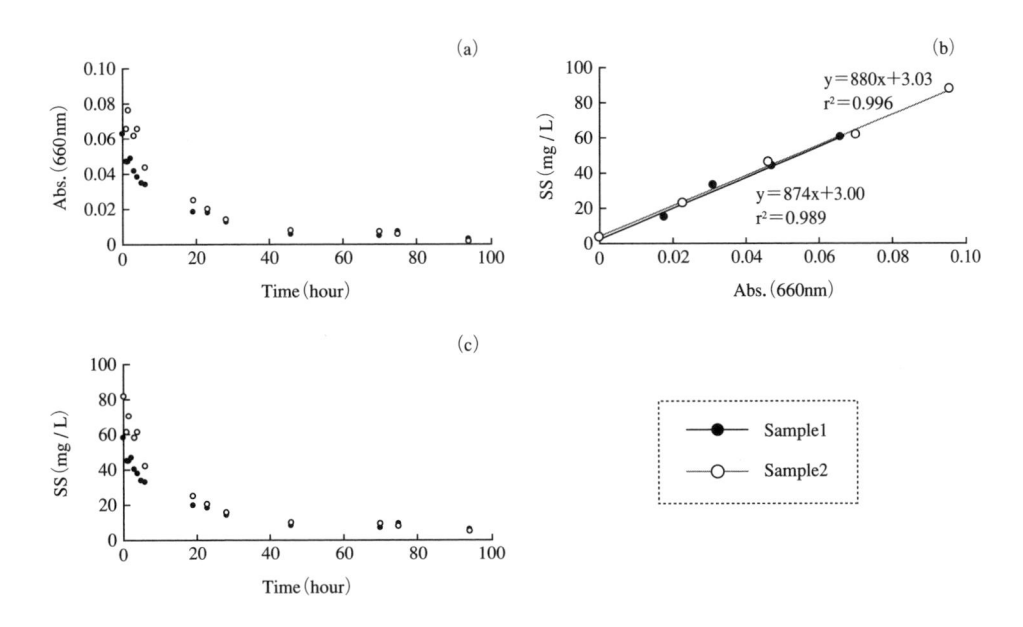

図8.7 (a) 濁度の減少，(b) 濁度とSS濃度の関係，(c) 換算されたSS濃度の減少．
図は，2003年4月に香川県の小豆島付近の海砂採取海域で採取された試料（Sample1 および2）について得られた結果[2]．

表8.1 室内実験による沈降速度と用いた高濁度水のSS量

観測日	高濁度水のSS量（mg／L）	沈降速度（m／日）
2002年7月18日	51.65	0.46
	50.51	0.42
2002年8月9日	65.97	0.55
2003年2月4日	17.12	0.15
	40.58	0.21
2003年4月14日	93.89	0.63
	152.59	0.77
2003年4月21日	47.46	0.29
	71.89	0.37
2003年6月4日	74.48	0.42
	109.94	0.50
平　均		0.43

次に，実際の粒子サイズから推定される沈降速度について考えてみる．一般に流体中を沈降する粒子の沈降速度は，下記に示すストークスの式で表される．

$$V = \frac{D^2 (\rho p - \rho f) g}{18 \eta} \tag{2}$$

上式でVは沈降速度（cm/sec），Dは粒子の直径（cm），ρpは粒子の密度（g/cm³），ρfは流体の密度（g/cm³），gは重力加速度（980 cm/sec²），ηは粘性（ポアーズ＝g/sec/cm）である．上式で表されるように粒子状物質が海洋中を沈降する速さは，その大きさで異なり，粒子の沈降速度はその直径の二乗に比例する．ただし，このストークスの式は粒子の形態を球と仮

定している．今，濁水中の粒子が石英の球形粒子であると仮定して，このストークスの式から推定される各サイズの粒子の沈降速度を示した（表8.2）．計算の際には，$\eta = 0.0140$ ポアーズ，$\rho f = 1.0 \text{ g/cm}^3$，$\rho p = 2.6 \text{ g/cm}^3$ とした．

表8.2 ストークスの式から推定される各サイズの粒子の沈降速度

粒子の直径（μm）	沈降速度（m/日）
0.4	0.01
1.0	0.05
2.0	0.22
3.0	0.48
4.0	0.86
5.0	1.34
10	5.38
15	12.1
20	21.5
25	33.6
30	48.4
50	134
100	538
200	2150

前述のように，海砂採取船から排出される高濁度水では，20 μm 以上の粒子が占める割合はごく僅かで，ほとんどが 0.4～10 μm の粒子であった．直径が0.4, 5, および 10 μm の粒子であれば，ストークスの式で推定される沈降速度はそれぞれ，0.01, 1.34, および 5.38 m/日となる．しかし，実際に室内実験によって得られた沈降速度は 0.15～0.77 m/日（平均 0.43 ± 0.18 m/日，n = 11）であり，ストークスの式で推定される沈降速度に比べて著しく小さい．ちなみに，実験で得られた沈降速度 0.43 m/日という値は計算上では，ほぼ直径 2～4 μm の粒子のそれに相当する．このように，ストークスの式で推定される沈降速度が過大評価となる理由としては，ストークスの式は粒子の形態を球と仮定しているが，実際の粒子は顕微鏡観察でも明らかなように球形ではないことなどが考えられる．

以上のように，海砂採取に伴い発生する濁水中の粒子の沈降速度は 0.15～0.77 m/日と非常に小さく，海水中に存在する様々な粒子と比較しても極めて小さいと判断される．

8.2.4 海砂採取船から排出される高濁度水中の粒子の拡散

高濁度排水中の微粒子の拡散状況は簡単な数値モデルで計算することができる[4]．ここでは，鉛直断面2次元モデル（図8.8）を考える．海表面中央部を座標原点として水平方向にX軸，鉛直方向にZ軸をとり，水深（H）は一定と考え，水平方向の計算領域はX軸両側に距離Lとした．海砂採取船からの高濁度排水は座標原点に一定濃度（C_0）を与える．海水中の懸濁粒子の水平輸送は，潮流によるシアー効果などを含めた水平渦動拡散のみによるものと仮定し，懸濁粒子の沈降速度を Ws とすれば，懸濁粒子濃度（C）の時間・空間変化は次式で表すことができる．

8.2 海砂採取時の濁水の挙動

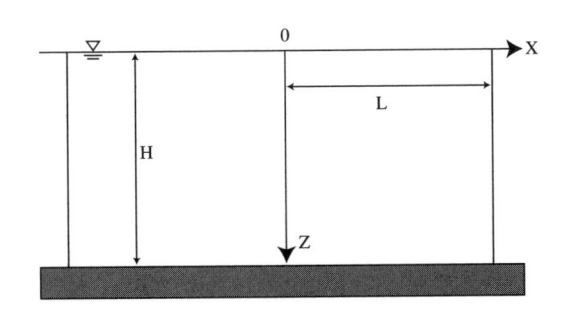

図8.8 高濁度水中の微粒子の拡散モデル[3]．Xは水平方向，Zは鉛直方向，Hは水深，Lは計算の水平距離．

$$\frac{\partial C}{\partial t} = K_h \frac{\partial^2 C}{\partial x^2} + K_z \frac{\partial^2 C}{\partial z^2} - W_s \frac{\partial C}{\partial z} \tag{3}$$

ここでtは時間，K_hは水平渦動拡散係数，K_zは鉛直拡散係数である．実際のモデル計算においては，海砂採取船からの濁水を採取した播磨灘を対象海域と考え，計算の水平距離（L）を40 km，水深（H）を30 mとし，水平方向に200メッシュ（1メッシュ2 km），鉛直方向に30メッシュ（1メッシュ1 m）を設定し[4]，式（3）を差分化して懸濁粒子濃度（C）の時間・空間変化を計算した．K_h, K_zは瀬戸内海における平均的な値として$K_h = 1.0 \times 10^2$ m²/s [10]，$K_z = 5.0 \times 10^{-4}$ m²/s [11] とした．計算領域外（X＞L, X＜－L）には境界条件として，一定の懸濁粒子濃度C_{out}を鉛直的に一様に与えた．C_{out}は播磨灘の海砂採取を行っていない海域の平均的な懸濁粒子濃度として3.5 mg/Lとした．C_0およびW_sについては，現場観測と室内実験結果により，それぞれ70.6 mg/L，0.43 m/日という値を採用した[3]．初期状態は，全計算領域の懸濁物粒子濃度をC_{out}とした．計算のタイムステップは30秒とした．また，香川県（2001）[7]によれば，海砂利採取船の操業時間は概ね朝7時から11時までの約4時間行われている．そこで，計算始め（$t=0$）から4時間後まで排水を行い（座標原点のメッシュの懸濁粒子濃度を強制的にC_0とする），その後は排水を行わないものとして計算を行った．播磨灘において，海砂採取を行っていない海域の平均的な懸濁粒子濃度は3.5 mg/L，その標準偏差は約1.5 mg/Lであるので，懸濁物粒子濃度が5.0 mg/L以上を海砂採取船からの高濁度排水の影響範囲と仮定した．

計算結果を図8.9に示した．排出終了時点（4時間後）には影響範囲は水平的に約3 km，鉛直的に約5 mにまで拡がっている．その後，時間が経つにつれて，影響範囲は水平・鉛直的に拡がり，排出開始から20時間後に最大（水平4.4 km，鉛直10 m）となった．その後，影響範囲は徐々に小さくなり，排出開始後38時間以降に消滅した．このように数値モデルの計算結果は，高濁度排水の影響は海砂採取船の稼動時だけの一時的なものではなく，少なくとも数十時間は付近の海域にその影響が及ぶことを示している．

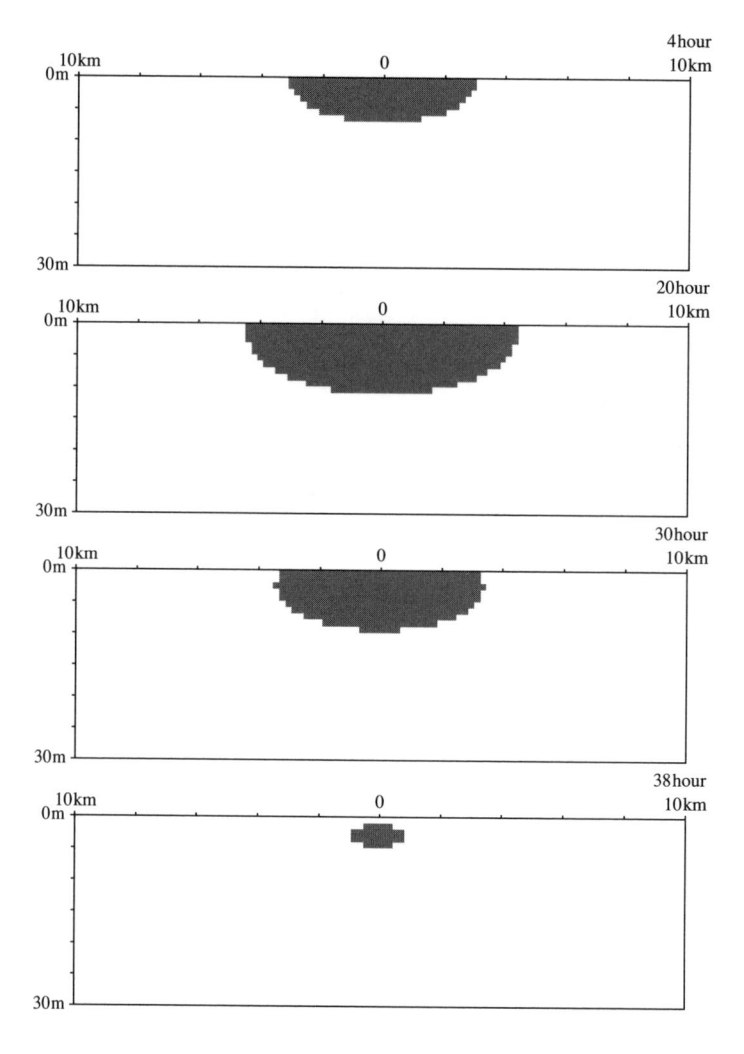

図8.9 高濁度水中の微粒子の拡散計算結果[3]．影の部分は，SS 濃度が 5.0 mg/L 以上の部分を表す．

8.2.5 海砂採取船から排出される高濁度水中の粒子の化学組成

多田ら（2006）[3]は，海砂採取船から排出された濁水，同海域で海砂採取船の操業から 23 時間経過後の海水，および海砂採取の行われていない海域の海水について，懸濁粒子の元素組成を，X 線マイクロアナライザー（EPMA）を用いて測定している．EPMA 分析は，エネルギー分散型 X 線分光器（EDS）による定性分析である．EPMA による分析結果の一例を図8.10 に示した．海砂採取船から排出された濁水中の粒子の試料ではアルミニウム（Al）とケイ素（Si）で高いピークが見られた．すなわち，海砂採取により排出される高濁度水中の粒子には，Al と Si を基本とした鉱物が多く含まれていることを示している．また，海砂採取船の操業が終了してから 23 時間が経過した同海域からの試料でも Al と Si で高いピークが見られ，濁水中の粒子

8.2 海砂採取時の濁水の挙動

とよく似た化学組成を示した．一方，海砂採取が行われていない観測点で採取した表層海水中の試料の化学組成は，AlとSiのピークは顕著ではなく，前者のそれとは異なっていた．

この粒子の化学組成の分析結果は，海砂採取によって生じる濁水中の粒子が，約1日が経過しても採取海域の表層部に残存していることを示している．これは先に述べた，濁水中の粒子の沈降速度が非常に小さいこと，さらに，前述の数値モデルにより，数十時間は付近の海域に高濁度排水の影響が及ぶとの計算結果が得られていることとよく一致している．

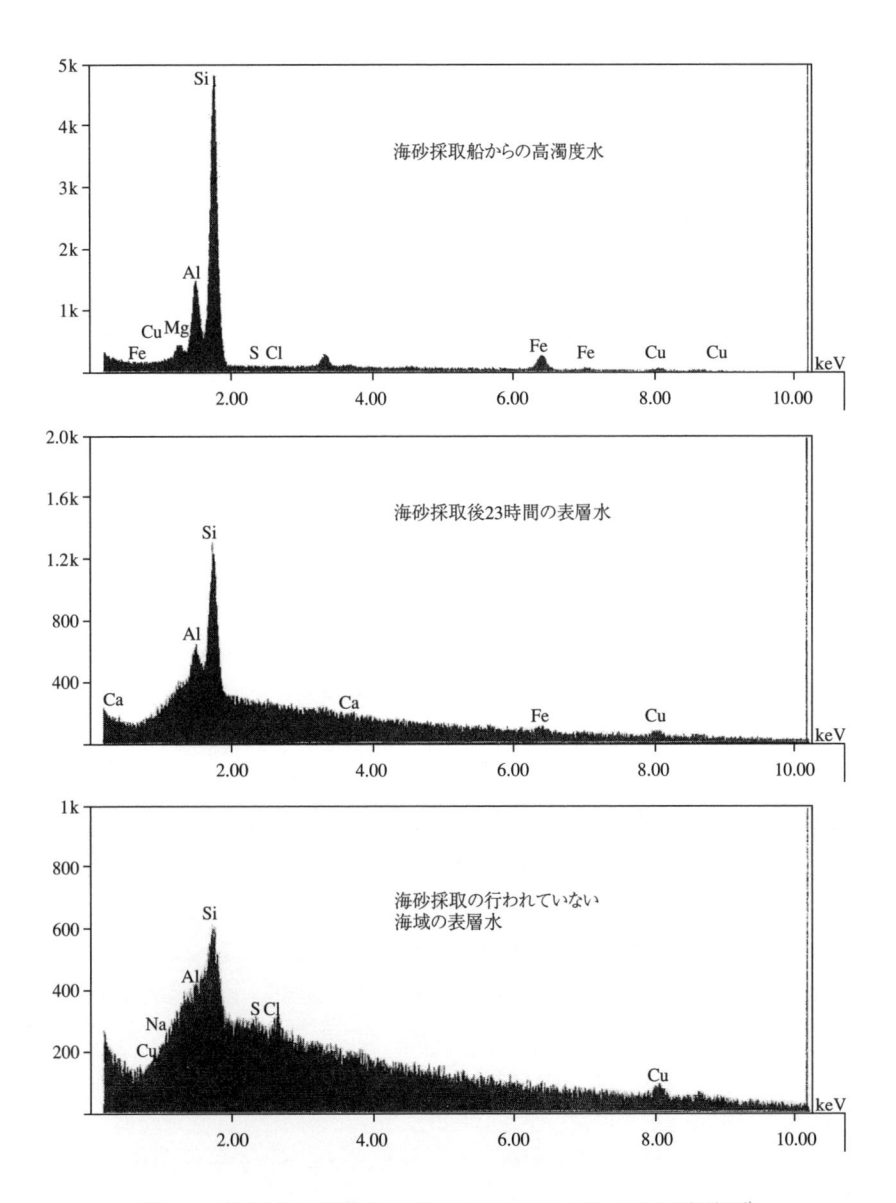

図8.10　高濁度水中の微粒子のX線マイクロアナライザーによる分析結果[2)]

門谷・張（2000）[12]は備讃瀬戸の海砂採取域に近い海域のアマモ場を調査し，アマモ葉上に付着している粒子はAlとSiを基本とした鉱物であり，この付着粒子は河川由来の粒子ではなく，海砂採取によって排出された濁水中の粒子が拡散し堆積したものである可能性が高いと報告している．海砂採取船から排出された高濁度水中の粒子が長く現場に留まっているとする多田ら（2006）[3]のEPMAの分析結果，および前述の数値モデル計算の結果は，門谷・張（2000）[12]の報告を支持するものである．

8.2.6 海砂採取による高濁度水の環境への影響

海砂採取船から排出される粒子が周辺海域に移流拡散する様子は航空写真によっても認められている[6]．瀬戸内海の安芸灘，備讃瀬戸および播磨灘ではCOD濃度が低いにもかかわらず透明度が低く，清木ら（1998）[13]はその要因として海砂採取などに起因する海水の濁りではないかと推察している．また，藤原（2004）[14]は，瀬戸内海で1970年代から現在まで海砂採取海域の濁りだけが経年的に上昇しており，海水中のCOD濃度も上昇していることを指摘している．以上のように，海砂採取により，濁度が増すとの指摘は多い．植物プランクトンが光合成を行うために必要な光量は海表面直下の光量の1%以上とされており，この光量が到達する深さまでを有光層と呼んでいる．一般に有光層深度は透明度深の約3倍とされており[15]，瀬戸内海では，透明度深の2.8倍と報告されている[16]．海洋において透明度が低下して有光層が浅くなると，植物が光合成を行うことのできる範囲は縮小する．橋本ら（2006）[4]は，海砂採取に伴った高濁度排水中の懸濁物粒子による透明度の低下を見積もっている．彼らの報告によれば，調査対象海域の透明度は約6 mであるが，海砂採取を4時間行い，その後は排水されないと仮定した場合，高濁度排水の排出が終了すると懸濁物粒子の濃度低下とともに透明度も回復していくが，透明度が低下する範囲は拡大し，透明度が4 m以下の範囲は排出点からおよそ4 kmにまで拡がる．さらに，影響範囲がほとんど消滅する38時間後においても（図8.11），排出点近傍の透明度は4 m以下であり，48時間後に至っても排出点近傍の透明度は約4.5 mと完全には回復しないとしている．

また，前述のように，海砂採取海域のアマモ葉上に付着している粒子は海砂採取によって生じる粒子が拡散し堆積したものである可能性が高いと報告されているが[12]，玉置ら（1999）[17]は，瀬戸内海の広島湾において，海水中の微粒子が直接アマモの葉上に堆積した場合，生育に必要な飽和光量の不足により，現存率が低下することを報告している．また，高橋ら（2005）[2]も数値モデルにより濁り拡散実験を行い，海砂採取による透明度の低下が藻場の分布に影響を及ぼしていることを指摘している．

いずれにせよ，これらの報告は，海砂採取により生じた濁度の回復が極めて遅いのは，濁水に含まれる微粒子の沈降速度が非常に小さいため，濁水中の微粒子が長時間周辺海域に浮遊し続けることを示している．数値モデル実験の結果やX線マイクロアナライザーによる海水中の懸濁物の元素組成の測定結果も，そのことをよく示している．

8.2 海砂採取時の濁水の挙動

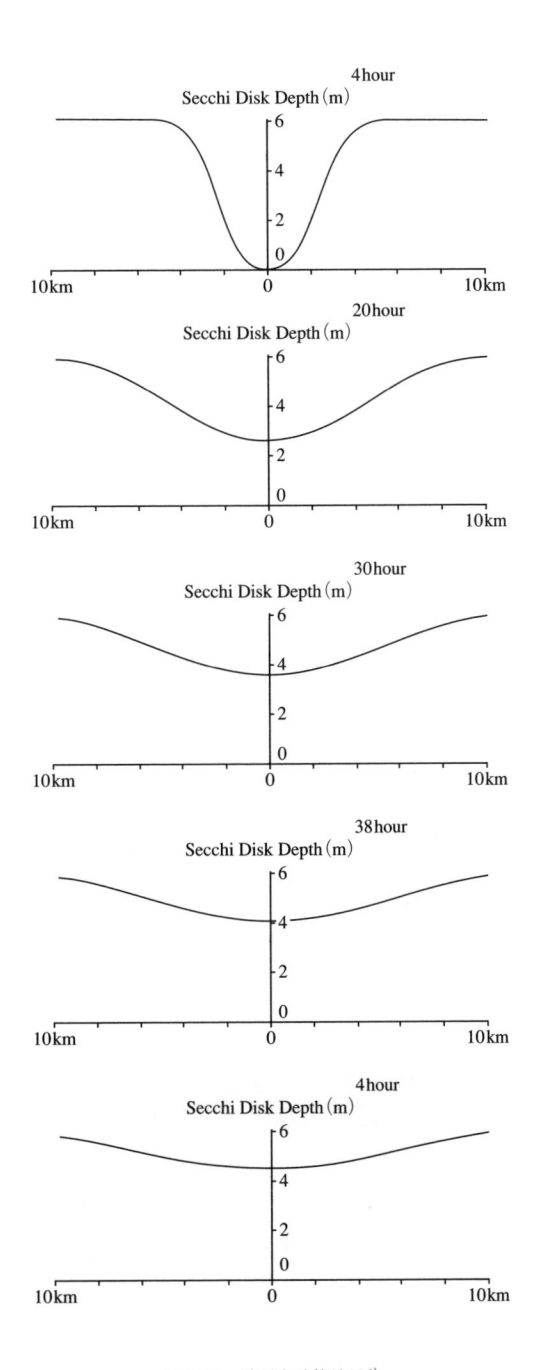

図8.11 透明度計算結果[3]

8.2.7 おわりに

　海砂採取による環境への影響は今だ完全に明らかにされたとは言い難い状況にあるが，我々が海砂採取から得た教訓は正しく受けとめて解析し，今後の瀬戸内海の環境保全に生かされなければならない．また，瀬戸内海における海砂採取は2006年に全面的に禁止されたが，航路浚渫や埋め立て工事など，海砂採取と同様に高濁度排水を伴う海洋工事は今後も続けられる．これらの海洋工事を行う場合，高濁度排水による環境への影響が最小限に抑えられるよう，十分なアセスメントが必要である．

文　　献

1) 高橋　暁・湯浅一郎・村上和男（2002）：沿岸海洋研究，40, 81-90.
2) 高橋　暁・湯浅一郎・村上和男・星加　章（2005）：沿岸海洋研究，42, 151-159.
3) 多田邦尚・和田彩香・一見和彦・橋本俊也（2006）：沿岸海洋研究，43, 157-162.
4) 橋本俊也・多田邦尚・和田彩香・一見和彦（2006）：広島大学大学院生物圏科学研究科紀要，45, 31-36.
5) 環境庁水質保全局瀬戸内海環境保全室（1998）：瀬戸内海における海砂利採取とその環境への影響，146pp.
6) 海砂利採取影響検討会（1999）：海砂利採取影響総合検討業務報告書．香川県．
7) 香川県（2001）：平成12年度海砂利採取環境影響調査報告書．香川県・国際航業（株），平成13年9月発行．
8) 星加　章・高杉由夫・田辺弘道・湯浅一郎・橋本英資・高橋　暁・三島康史・村上和男・井内美郎（2006）：地質調査総合センター速報，38, 201pp.
9) Smayda, T.J.（1970）：*Mar. Biol. Ann. Rev.*, 8, 353-414.
10) Takeoka, H. and T. Hashimoto（1988）：*Cont. Shelf Res.*, 8, 1247-1256.
11) Hashimoto, T. and H. Takeoka（1998）：*J. Oceanogr.*, 54, 123-132.
12) 門谷　茂・張志保子（2000）：瀬戸内海，22, 32-36.
13) 清木　徹・駒井幸雄・小山武信・永淵　修・日野康良・村上和仁（1998）：水環境学会誌，22, 663-667.
14) 藤原建紀（2004）：海と空，80, 1-6.
15) Parsons, T.R., M.Takahashi and B.Hargrave（1984）：Biological Oceanographic Processes, 3rd Edition. Pergamon Press, Oxford., p.330.
16) 橋本俊也・多田邦尚（1997）：海の研究，6, 151-155.
17) 玉置　仁・西嶋　渉・荒井章吾・寺脇利信・岡田光正（1999）：水環境学会誌，22, 663-667.

8.3 海砂採取の藻場への影響

8.3.1 はじめに

　瀬戸内海では高度経済成長期の約30年間で約6億m³もの膨大な海砂が採取され，コンクリート骨材や埋立，地盤改良など多様な用途で利用されてきた[1]．一方，浅瀬を形成している砂堆域の消失や海砂採取時に発生する濁水の拡散が生態系に与える影響，海底地形や流況の変化が海域環境に与える影響などが懸念されている．このような状況の中，高橋ら[2]は数値モデル実験により芸予諸島周辺海域の流況を再現し，海底地形変化の影響は海砂採取海域にとどまらず周辺海域へも拡がっていることを，高橋・村上[3]は，広島県忠海沖の消失した砂堆域周辺に十分な砂の供給源があれば，将来砂堆が回復する可能性があることを明らかにしている．また，門谷・張[4]は海砂採取時に発生する濁りによる透明度の低下や，濁り粒子のアマモ葉上への付着がアマモの育成を阻害することを示唆している．しかしながら，海砂採取海域で発生した濁り粒子が，実際に藻場まで拡散し，透明度の低下やアマモ葉上に堆積するかなどについては確かめられていない．そこで，本章では，瀬戸内海の中でも膨大な量の海砂が採取された芸予諸島周辺海域において，数値モデルによる濁り拡散実験を行い，藻場観測結果と比較することで，濁り拡散と藻場分布の関係を明らかにすることを試みた．

8.3.2 海砂採取量と透明度の変遷

　芸予諸島周辺海域では，図8.12に示した海砂採取許可区域において1960年代から海砂採取が開始された．図8.13は広島県の各採取海域における海砂採取量の変遷である[1]．広島県の全採取量は1970年代中頃にピークが見られ，1980年代は横這い，1990年代は減少している．海域別に見ると，大久野島と高根島の間に位置する採取海域（忠海，幸崎，瀬戸田）での採取量が他の採取海域に比べ非常に多いことが解る．図8.14は国土交通省瀬戸内海総合水質調査の測点HS22とHS23（1983～2003年；年4回観測），および広島県栽培漁業協会地先（1997年7月から不定期に観測，図中では"地先"と表示，以後"地先"と呼ぶ）における透明度の時系列である（測点位置は図8.12参照）．図中破線は，海砂採取中止前後のそれぞれの期間平均値を示している．3点ともに透明度の変動は約2～8mと大きいが，周期解析の結果この変動に季節変動などの周期性は見られない．変動の原因は不明であるが，植物プランクトンのブルームとの関係はないようである．海砂採取中止（1998年）前後で見ると，3測点ともに採取中止後透明度が増加しており，平均値で見ると採取中はHS22で約4.5m，HS23で約4.0mである．地先に関しては採取中止前の6ヵ月間に7回の観測しかないものの，平均透明度は約4.0mで，他の2点とほぼ同じであることから，採取中の平均透明度を4.0mと見なすこととした．一方，採取後はHS22とHS23は約5.5m，地先は約6.0～7.0mであり，採取中と比べ1～3m程度増加していることが解る．ここで，透明度は一次生産の影響を受けて変化することも考えられるので，前述の変化が海砂採取中止によるものとは一概には言えない．そこで，HS22とHS23における透明度と同時に測定されているCOD（海面下約2mと海底上約1mで測定）との関係を調べた．結果を図8.15に示す．透明度とCODの間に相関は見られない．また，COD濃度は

ほとんどが 2 mg/L 以下と低く，環境基準法に定められている水質（海域）の環境基準 A 類型を保っており，当該海域は水質的には清浄な海域であることが解る．このことに加え，植物プランクトンのブルームに伴う透明度の季節変動も顕著には見られないことから，透明度の変化に対する一次生産の影響は大きくなく，海砂採取に伴って発生した濁りが透明度変化の主な原因であると考えられる．

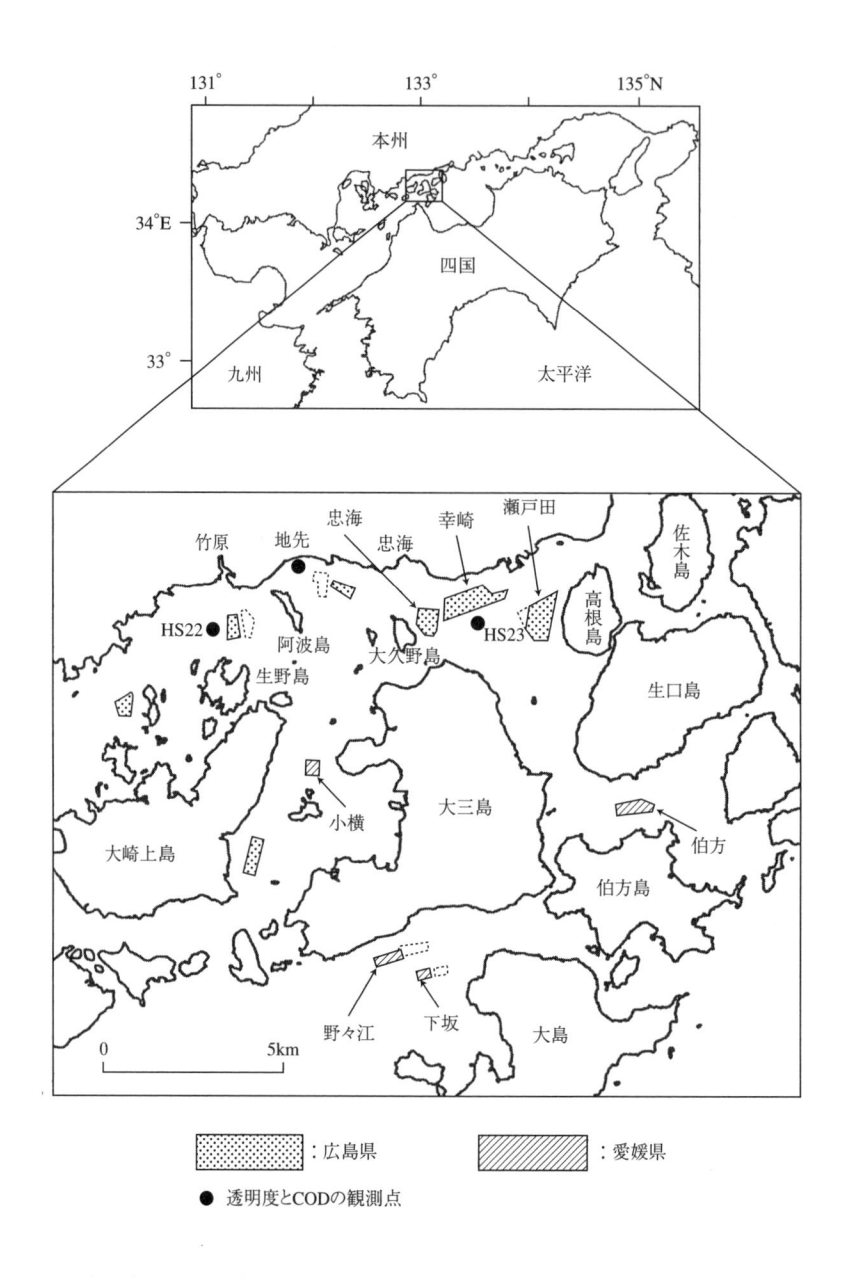

図8.12 広島県（ドットで表示）と愛媛県（ハッチで表示）の海砂採取海域．●は透明度とCODの観測点．

8.3 海砂採取の藻場への影響

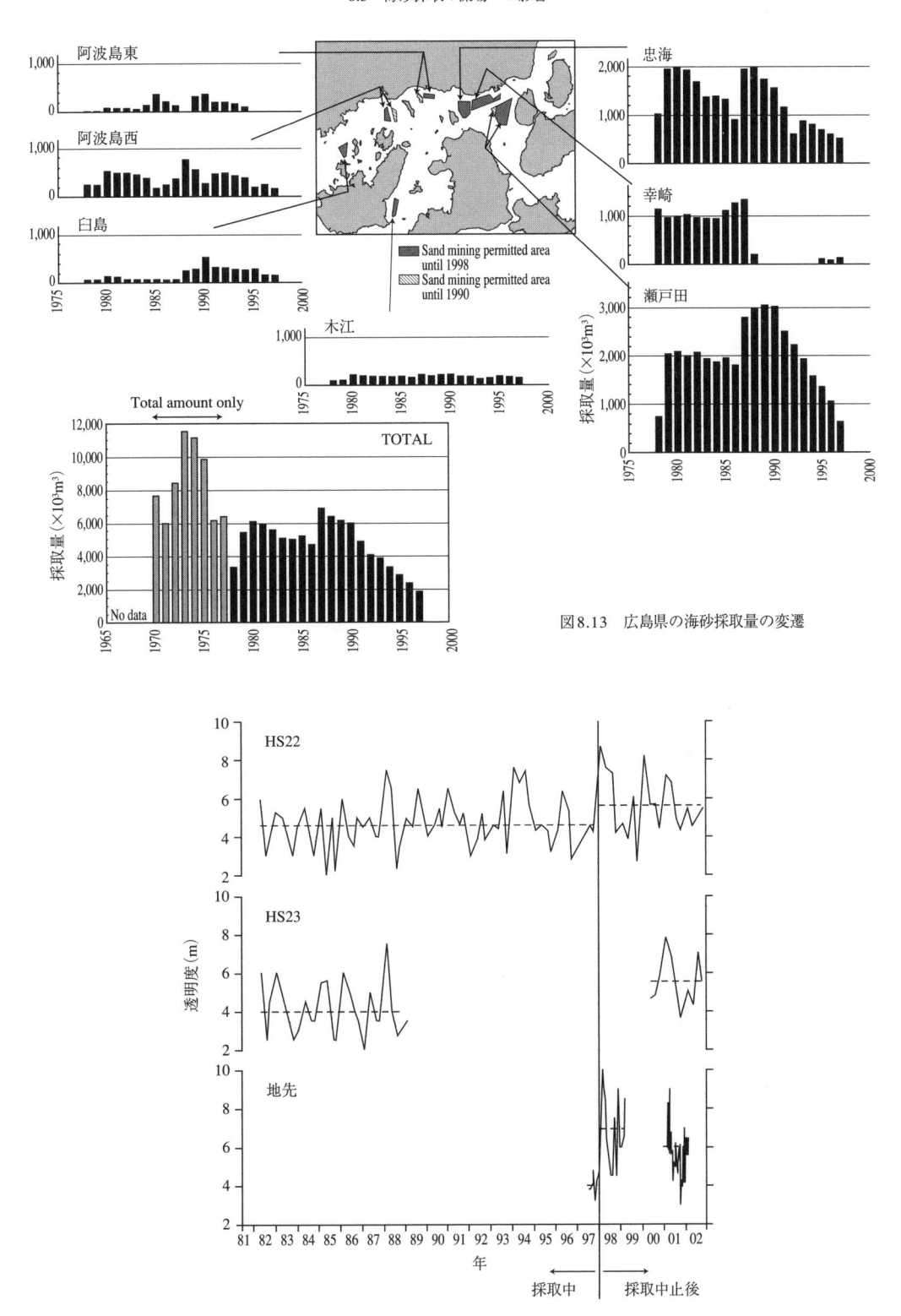

図8.13 広島県の海砂採取量の変遷

図8.14 透明度の変遷．破線は1998年以前と以後の平均透明度

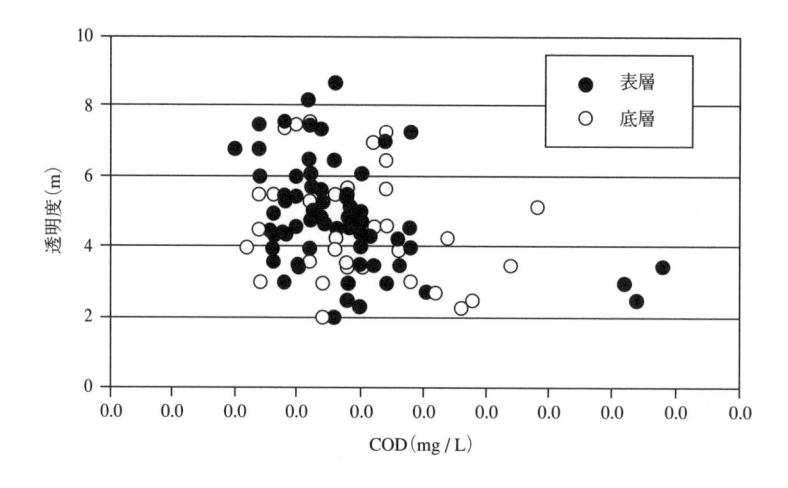

図8.15　透明度とCODの関係

8.3.3　藻場調査

図8.16は芸予諸島周辺における1967年から1998年の間におけるアマモ場の変遷を示した図[5]である．実線で囲まれたA～Dは藻場が維持されている海域を，破線で囲まれた1～19は衰退あるいは消滅した海域を示している．傾向として海砂採取海域に近い藻場が衰退していて採取の影響がうかがわれるが，近くても維持されている藻場や，遠くても衰退している藻場も見受けられる．これら藻場の中で，海砂採取による影響を受けたと推定される藻場や，採取海域に比較的近いにもかかわらず影響をあまり受けていないと推定される藻場などを選択し，その状況を確かめるため，2001年2月5日から7日にかけて目視と音響測深器（海上電機（株）PS-20）を併用したアマモの生息範囲および生息密度観測と藻場周辺の透明度観測を行った．なお，生息密度に関しては音響測深器による藻場測定結果を用いて判定を行った．図8.17に音響測深器による観測例を示す．図8.17（a）のように藻場全域にアマモが高密度に生息している場合を密度"高"，図8.17（b）のように密度"高"と比べ生息密度は低いが，藻場全域にアマモが生息している場合を密度"中"，図8.17（c）のようにアマモがパッチ状に点在している場合や密度"中"と比べ生息密度がさらに低い場合を密度"低"，西海区水産研究所（現瀬戸内海区水産研究所）の1970年代前半の観測結果[6,7]では藻場であったにもかかわらずアマモを確認できなかった場合を"消滅"とした．このようにして得られた結果を表8.3に，観測した藻場の位置を図8.18に示す．ここで，アマモ生息最大下限水深は音響測深器により測定した結果から求めたものであり，広島県三原港の平均海面からの水深で表されている．なお，"消滅"の生息水深は西海区水産研究所の観測結果[6,7]でアマモが分布していた範囲と音響測深器により得られた水深分布を照らし合わせて割り出した値を用いている．アマモ場a1～a9の生息密度は"高"，b1～b6は"中"，c1～c6は"低"，d1～d5は"消滅"となっており，海砂採取海域近傍（特に大久野島－高根島間の採取海域周辺）で藻場の生息密度が低くなる，あるいは消失している傾向が見受けられる．次に，生息密度と透明度，生息密度と生息水深との関係

8.3 海砂採取の藻場への影響

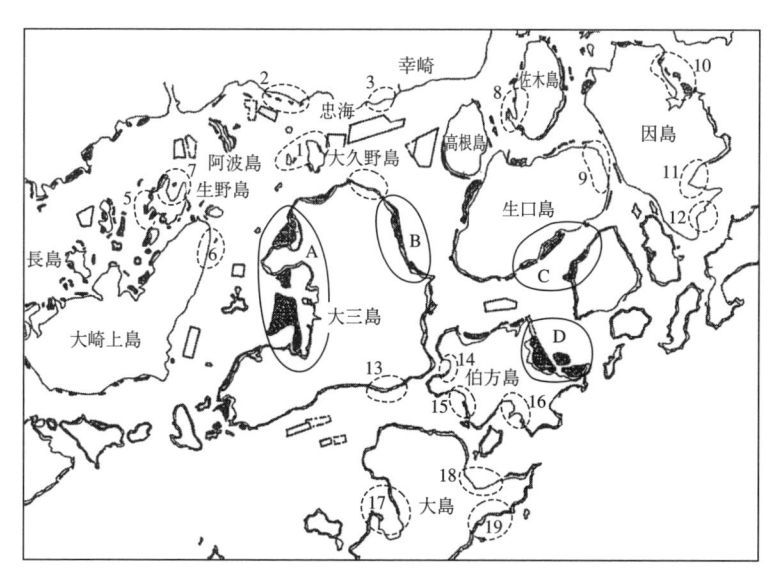

図8.16 1967年から1998年のアマモ場の変遷（黒く塗りつぶされた所が1998年に確認されたアマモ場）．実線で囲まれた藻場A-Dは維持されている藻場，破線で囲まれた藻場1-19は衰退あるいは消滅した藻場を示す[5]．

表8.3

測点	生息水深 (m)		生息密度	透明度 (m)
	平均	最大		
a1	3.9	5.9	高	5.5
a2	3.2	4.3	高	5.7
a3	4.2	4.9	高	6.5
a4	3.5	4.2	高	6.6
a5	4.1	4.3	高	6.2
a6	6.1	7.5	高	6.8
a7	2.7	2.8	高	6.5
a8	4.1	4.3	高	6.6
a9	3.2	4.0	高	4.5
b1	4.3	6.0	中	7.0
b2	2.6	2.6	中	5.6
b3	3.3	3.6	中	7.2
b4	3.4	3.7	中	6.5
b5	3.1	3.9	中	7.2
b6	4.4	5.2	中	4.4
c1	2.7	2.7	低	6.6
c2	3.3	3.7	低	6.8
c3	3.8	4.9	低	5.5
c4	3.6	4.5	低	5.5
c5	2.6	2.8	低	6.5
c6	3.4	4.9	低	5.6
d1	2.7	2.9	消滅	7.2
d2	4.4	4.9	消滅	—
d3	3.7	4.7	消滅	5.0
d4	6.7	8.2	消滅	4.0
d5	2.6	3.1	消滅	—

をみると，a1やa6のように生息水深が深くても透明度が高い場合やa9のように透明度が低くても生息水深が浅いと，比較的維持されている藻場が見られるものの，この傾向はあまり顕著ではなく，アマモの生息密度と透明度や生息水深の間に有意な関係があるとはいえない．これは，観測時にはすでに広島県の海砂採取が中止されて3年程経過しており，観測した透明度は海砂採取の影響を受けていなかったため，採取中の関係が見えないものと考えられる．

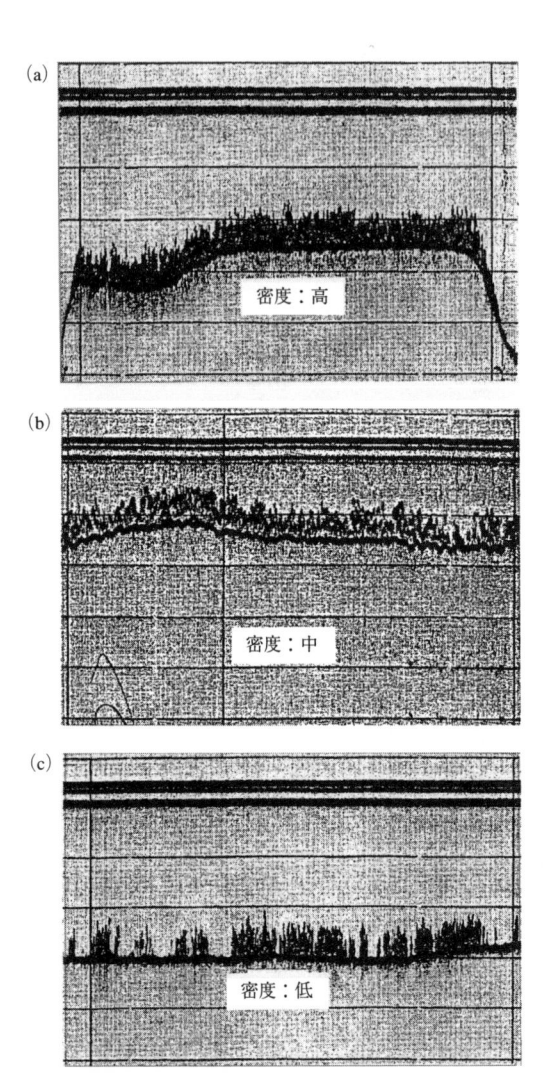

図8.17　音響測深器によるアマモ場観測例

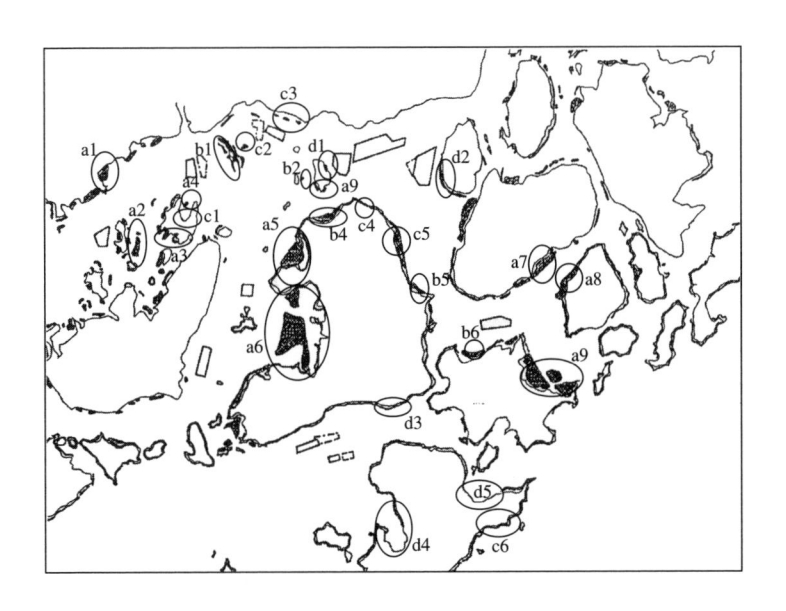

図8.18 藻場観測地点

8.3.4 濁り拡散実験

海砂採取中における藻場周辺の透明度が不明であるため，観測で得られた藻場の状態と透明度低下による影響を検討できない．そこで，数値モデルを用いて濁り拡散実験を行い，海砂採取中における透明度分布を推定することとした．

(1) モデルの概要

安芸灘周辺海域における流況は数値モデル実験によりすでに求められている[2]．モデルはレベルモデルであり，水平グリッドスケール 1/3 km×1/3 km である．鉛直方向には表8.4 に示した11層となっており，最大の採取海域である大久野島と高根島間の海域の水深が40 m前後であることから，水深30 mから40 mの間の層厚を5 mとし，海底付近の解像度を高くしている．図8.19は下げ潮時と上げ潮時のM_2潮流ベクトル（鉛直平均値）[2]であるが，当該海域は瀬戸部であるため，最高で100 cm/sを超える強い潮流が卓越している．

表8.4

層番号	1～2	3	4～5	6～7	8～9	10～11
層厚 (m)	3	4	10	5	10	15

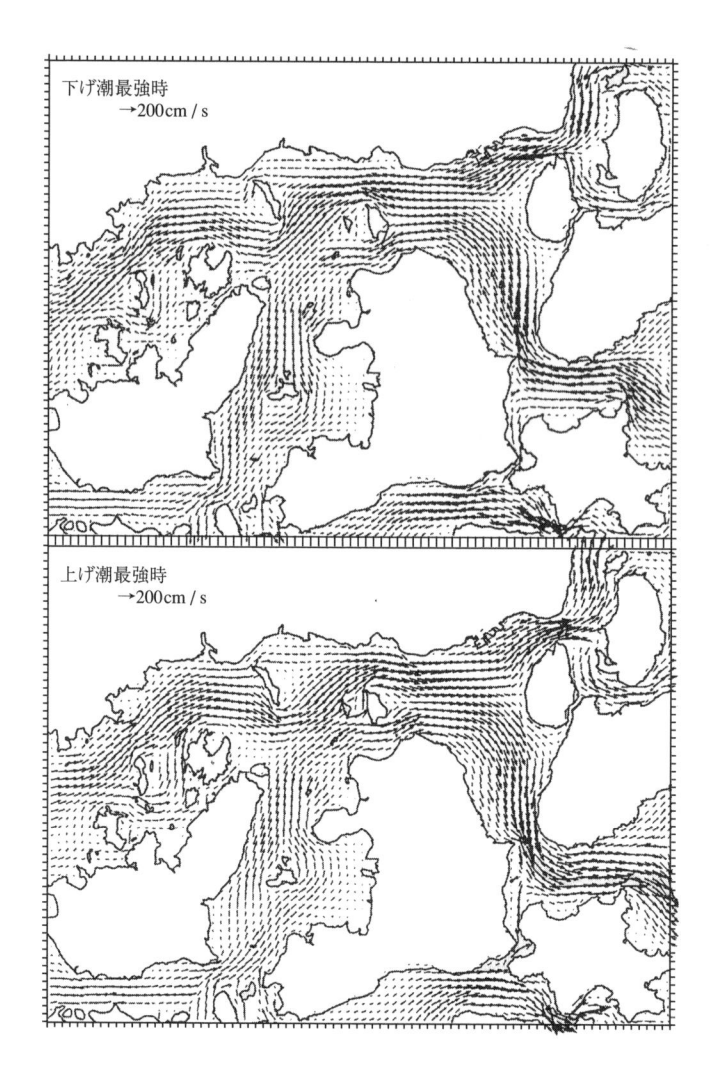

図8.19 下げ潮時（上図）と上げ潮時（下図）のM$_2$潮流ベクトル（鉛直平均値）[2]

　この強い潮流のために夏季においてさえ当該海域は成層することはなく鉛直的に一様であるので全域で密度一定とし，外力として最も卓越しているM$_2$潮汐を与えている．本章では，これと同じモデルをベースにした濁り粒子の移流・拡散・沈降・堆積・再懸濁を考慮できるモデルを作成し，濁り拡散実験を行った．濁り粒子の移流・拡散・沈降は（1）式により求められる．

$$\frac{\partial C}{\partial t} + (U \cdot \nabla_H)C + w\frac{\partial C}{\partial z} + \frac{\partial (W_S C)}{\partial z} = [\nabla_H \cdot (K_H \nabla_H)]C + \frac{\partial}{\partial z}\left(K_V \frac{\partial C}{\partial z}\right) \quad (1)$$

ここで，tは時刻，Cは濁り粒子濃度，∇_Hは水平のラプラシアン，Uは水平流速（u, v），wは鉛直流速，K_HとK_Vはそれぞれ水平と鉛直の渦動拡散係数でSmagorinsky diffusivityを用いた[2]．W_Sは濁り粒子の沈降速度で，Stokesの沈降速度を用い（2）式で与えた．

8.3 海砂採取の藻場への影響

$$W_S = -\frac{g(\rho_p - \rho_w)}{18\nu}d^2 \tag{2}$$

g は重力加速度（980 cm/s），ρ_p は濁り粒子の密度（砂の一般的な値 2.65 g/cm^3 を使用），ρ_w は海水密度，ν は海水の粘性（0.0115 g/s/cm），d は濁り粒子粒径である．濁り粒子の海底への単位時間・単位面積当たりの沈殿量（M）は（3）式で与えた．

$$M = C_B W_S \tag{3}$$

C_B はモデルの海底直上層における濁り粒子濃度である．海底に沈殿した濁り粒子の単位時間・単位面積あたりの再懸濁量（R）はパワーモデル[8]を適用して（4）式で与えた．

$$R = \frac{S}{h_k}\alpha(u^* - u_c^*) \tag{4}$$

S は濁り粒子の単位面積当たりの堆積密度（詳細は後述），h_k はモデルの海底直上層の厚さ，α は係数[9]，u^* と u_c^* はそれぞれ底面摩擦速度と底面移動限界摩擦速度で（5）式[10]と（6）式[11]で与えることとした．

$$u^* = 0.051 U_k \tag{5}$$
$$u_c^* = \sqrt{0.05 \rho_s g d} \tag{6}$$

U_k はモデルの海底直上層の流速，ρ_s は濁り粒子の水中密度（1.65 g/cm^3）である．（3）式と（4）式から，濁り粒子の単位時間・単位面積当たりの堆積量（D）は（7）式で与えられる．

$$D = M - R \tag{7}$$

また，堆積量（D）の時間積分値に相当する濁り粒子の堆積密度（S）については，（8）式で与えた．

$$S^n = S^{n-1} + D^{n-1}\Delta t \tag{8}$$

ここで，Δt は時刻 n-1 と時刻 n 間の微少時間間隔（モデルのタイムステップに相当）である．なお，再懸濁量（R）が沈殿量（M）を上回った場合，堆積量（D）は負となり，堆積密度（S）が負になる場合があり得る．この場合には，海砂採取時に発生する濁り粒子だけが再懸濁すると仮定し，堆積密度（S）を0とし，堆積した以上に再懸濁はしないようにした．また，R，S は初期値0として計算を始めた．

海砂採取海域表層から濁り粒子を濃度として投入するが，砂利採取船からの濁水排水量や濁水中の懸濁物質濃度は不明である．しかしながら，図8.13に示したように，広島県の各採取海域における採取量は既知である．一方，愛媛県の各採取海域における採取量は不明であるが，採取許可量については既知である．各採取海域の採取許可量の合計が愛媛県の海砂生産量と一致することから，採取許可量が各採取海域における採取量であると仮定し，海域毎の採取量の割合に応じた濃度の濁り粒子を広島県・愛媛県の各採取海域表層から連続投入することとした．広島県の各採取海域における採取量の1978年から1987年の年平均値と愛媛県の各採取海域の年間採取許可量，各採取海域の面積および阿波島西採取海域の採取量を1.0とした場合の採取量の割合を表8.5に，粒子濃度投入点表層における濁り粒子濃度を（9）式に示す．

$$\frac{\partial C_k}{\partial t} = \frac{Q}{V_k} R t_k \tag{9}$$

第8章　海砂問題

ここで，C_k は各採取海域 (k) に相当するモデルグリッド表層の濁り粒子濃度，V_k は相当する表層グリッドの体積，Rt_k は各採取海域の投入濃度の割合を示す．Q は重さの単位をもつ濁り粒子の投入重量で1000という値を採用した．つまり，計算される濃度分布は相対的なものとなる．

図8.20は忠海沖と備讃瀬戸の砂利採取船から排出される濁水中の懸濁粒子の粒度組成（重量百分率）である[1]．当該海域に位置する忠海沖の値を見ると，粒径5 μmから50 μmの粒子がほとんどで，平均粒径は約10 μmである．そこで，粒径5 μm，10 μm，50 μmの濁り粒子を対象とした3ケースの計算を行った．

表8.5

	採取海域名	面積 (ha)	採取量 ($\times 10^3 m^3$)	割合
広島県	阿波島東	75	141.0	0.4
	阿波島西	101	386.3	1.0
	臼島	66	91.1	0.2
	木江	66	186.1	0.5
	忠海	182	1574.2	4.1
	幸崎	214	1074.0	2.8
	瀬戸田	306	1949.4	5.0
愛媛県	小横	36	626.4	1.6
	野々江	89	515.6	1.3
	伯方島	75	1204.4	3.1
	下坂	36	776.0	2.0

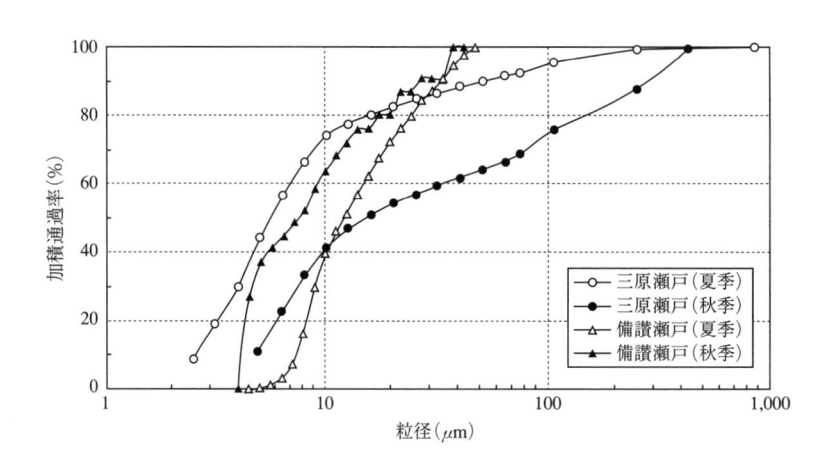

図8.20　忠海沖と備讃瀬戸の砂利採取船から排出される濁水中の懸濁粒子の粒度組成（重量百分率）[1]．

(2) モデル計算結果

　流況が準定常状態に達した後，濁り粒子濃度の投入を開始した．粒子濃度投入後5日（M_2 潮汐の10周期）以後では，濃度の値は増加するものの，潮時毎の分布自体に変化は見られなかったので，5日目には濃度分布は定常に達したと判断した．また，潮時によらない平均的な濃度分布を求めるため，最後の1潮汐周期間で濃度を平均した．

　粒径50 μm の場合，濁り粒子は採取海域のほぼ直下に沈降し，下層で再懸濁と沈降を繰り返すものの，海砂採取に伴い深くなった（水深約40 m）採取海域周辺にトラップされ，藻場のある浅海域には到達しなかった（図不載）．つまり，粒径50 μm以上の濁り粒子は，沈降速度が大きいため，藻場や藻場周辺の透明度に大きな影響は与えないと考えられる．一方，粒径5 μm や 10 μm の粒子は水平的に大きな拡がりを見せた．なお，両者の濃度分布に大きな差違はないので，粒径10 μm の結果についてだけ述べることとする．図8.21に1潮汐周期平均した

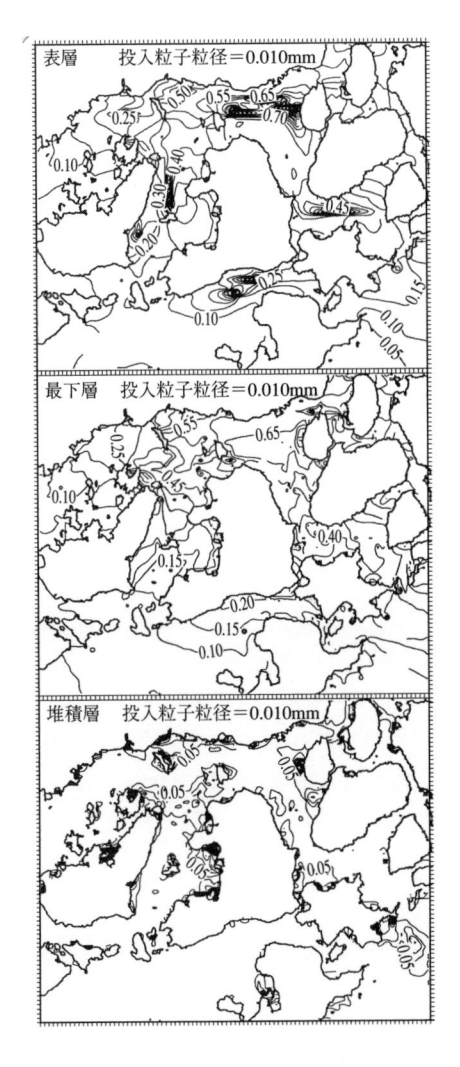

図8.21　計算された濁り粒子濃度分布（上図：表層，中図：下層）と粒子投入後5日目の堆積量（下図）．

濁り粒子濃度分布（上図：表層，中図：底層）と粒子投入後5日目の堆積量（下図）を示す．表層の濃度分布には高濃度のパッチが11地点見られるが，これらの地点が濃度投入点である．底層の分布を見ると，採取海域周辺で高濃度となっており，特に海砂採取量が周辺海域中最も多かった大久野島−高根島間の海域で濃度が高く，傾向として，この海域から遠ざかるとともに濃度も下がっている．堆積量の分布を見ると，入りくんだ湾で堆積量が多く，これら以外の海域ではほとんど堆積していない．これは，粒径10μmの粒子はほとんどの海域で潮流により再懸濁され，沈降速度も遅いので系外に運び去られてしまうが，潮流の弱い入りくんだ湾では，再懸濁が生じない，あるいは生じても流れが弱く粒子が運び去られないため，相対的に堆積量が多くなると考えられる．

(3) 透明度低下量

計算によって求められた濁り粒子濃度は相対値である．そこで，透明度と懸濁物質（SS）濃度の関係を用いて濁り粒子濃度をSS濃度に変換する．図8.22は瀬戸内海における透明度とSS濃度の関係[12]を示しており，両者の関係は（10）式で与えられる．

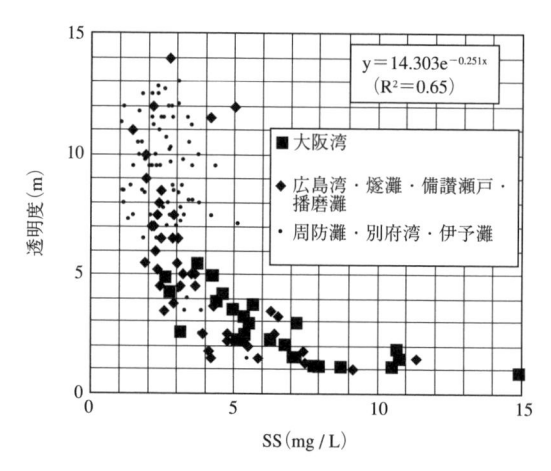

$$Sdd = 14.3e^{-0.25SS} \tag{10}$$

図8.22 瀬戸内海における透明度と懸濁物質濃度の関係[12]

Sddは透明度である．（10）式は瀬戸内海全域を対象として得られた関係式であり，SS中に有機物質が含まれているため，無機物質による濁りが卓越していると考えられる当該海域の透明度とSS濃度の関係には一致しない可能性がある．しかし，SS中の有機物質と無機物質の含有割合の違いがどの程度透明度に影響を与えるのかは明らかでない．また，（10）式の関係がSS中の有機物質と無機物質の含有割合の違いにより，その傾向自体を大きく変えるとは考えづらいので，本研究においては（10）式の関係を用いることとした．さて，海砂採取中と採取後の透明度の差が最も大きい栽培漁業協会地先の平均透明度は，それぞれ約4mと約7mであった．（10）式によると，透明度4mに対応するSS濃度は5.1 mg/L，7mに対しては2.8 mg/Lとなり，差はそれぞれ3mと2.3 mg/Lになる．海砂採取後の地先における平均透明度（7m）が対象海域全体のバックグラウンド透明度であると仮定し，地先における3mの透明度低下は2.3

mg/LのSSが引き起こしたとして，モデル中の他の点におけるSS濃度を比例計算により（11）式で求めた．

$$SS = 2.8 + 2.3 \times \frac{Mc}{Mc_S} \tag{11}$$

Mc と Mc_S はそれぞれモデル中でSS濃度を求める地点と地先に相当する地点の鉛直平均濁り粒子濃度であり，SS濃度が透明度に影響を与えると考えられるモデルの第1層から第3層（水深0〜10 m）までの値を用いて，層厚を重みとした平均値として（12）式で求めた．

$$Mc = \frac{\sum_{l=1}^{l=3} C_l \times D_{z_l}}{D_{z_1} \times D_{z_2} \times D_{z_3}} \tag{12}$$

l はモデルの層番号，D_z は層厚であり，Mc_S についても同様に求めた．このようにして求めたSS濃度を（10）式に代入して求めた透明度の分布を図8.23に示す．海砂採取海域周辺の透明度が比較的低くなっており，特に大久野島−高根島間の海域で透明度が最も低く，3 m前後の海域も見られる．なお，HS22付近の透明度は4 m前後で観測値とほぼ一致しているものの，HS23付近では3m程度で観測値と1 m程度の差が見られる．これは，バックグラウンド透明度を全域で7m一定と仮定したが，実際にはバックグラウンド透明度は海域により異なるため，このような測点による違いが生じたものと考えられる．

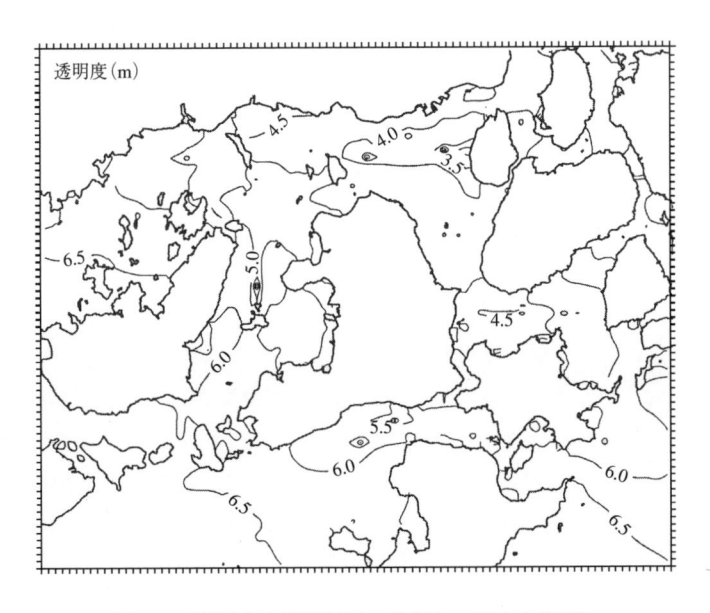

図8.23 計算された透明度分布．数字はmで示した透明度．

8.3.5 考察

数値モデル実験により海砂採取中における透明度の分布を求めたが，バックグラウンド透明度を全域で一定と仮定したため，観測値と差違が生じた．しかしながら，海域毎のバックグラ

ウンド透明度は未知である．そこで，得られた透明度と当初に設定したバックグラウンド透明度（7 m）の差から透明度の低下量を求め，藻場分布との対比を行うこととした．図8.24に得られた透明度の低下量を示す．傾向は透明度分布と同じであるが，大久野島－高根島間の海域では3 mを超える低下となっている．図8.18および表8.3に示した藻場観測結果をみると，大久野島－高根島間の海域周辺では，藻場の生息密度は低く，いくつかの藻場は消失している．

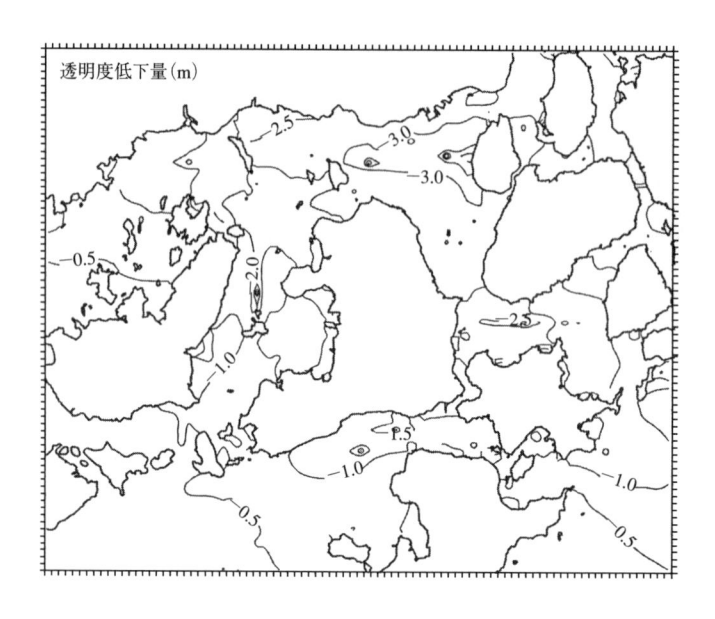

図8.24 計算された透明度低下量．数字はmで示した透明度低下量．

一方，これら以外の藻場は様々な状態にあり，透明度の低下およびアマモの生息水深が生息密度に影響しているようである．数値実験により得られた透明度の低下量と藻場調査で得られた藻場の状態と生息下限水深の関係を図8.25に示す．透明度の低下が大きくなるにつれて，生息水深に関わりなく藻場密度が低くなっている様子がうかがえる．また，生息水深が深くなるに従って透明度低下の影響を強く受ける傾向が見られる．ここで，密度"高"の藻場は，必ずしも右下がりの傾向を示してはいないが，生息水深が同様であれば，すべての藻場で透明度の低下は密度"中"の藻場より小さく，前述の関係に矛盾はしない．また，観測結果に基づき分類したアマモ生息密度（高，中，低，消滅）の中で，"中"は密度"高"の藻場と比べ密度が低いことを意味しているので，透明度低下の影響が多少出ていると考えることもできる．これらのことを考え合わせると，生息水深4m程の密度"高"の藻場（a4, a5）のように生息水深が浅い藻場では，透明度の低下が多少あっても影響は少ないが，4 m以浅の密度"中"，"低"，"消滅"の藻場（b2, b3, b4, b5, c2, c5, d1）のように生息水深が浅くても透明度の低下が2.5 m以上と大きくなると影響を受けること，生息水深が深い藻場では，生息水深6.0 m程で密度"中"の藻場（b1）のように，1.5 m程度の透明度の低下でも影響を受けるが，生息水深が7.5 m程で密度"高"の藻場（a6）のように1.0 m程の透明度の低下では影響は小さいことが解る．ここで，c1, c6, d3, d4, d5の藻場は，この関係に矛盾している藻場である．しかしながら，c1

8.3 海砂採取の藻場への影響

の藻場に関しては，生息水深が浅く透明度の低下も小さいが，濁り粒子の堆積量が大きい場所（図8.21下図参照）に位置していることから，c1の藻場は透明度の低下ではなく，アマモ葉上への濁り粒子の付着が原因で衰退したのではないかと考えられる．なお，c6, d3, d4, d5の藻場衰退・消滅の原因については不明であるが，これらの藻場はすべて大島周辺に位置しており，開けた海域に隣接していることから，他海域から何らかの影響を受けたのではないかと考えられる．

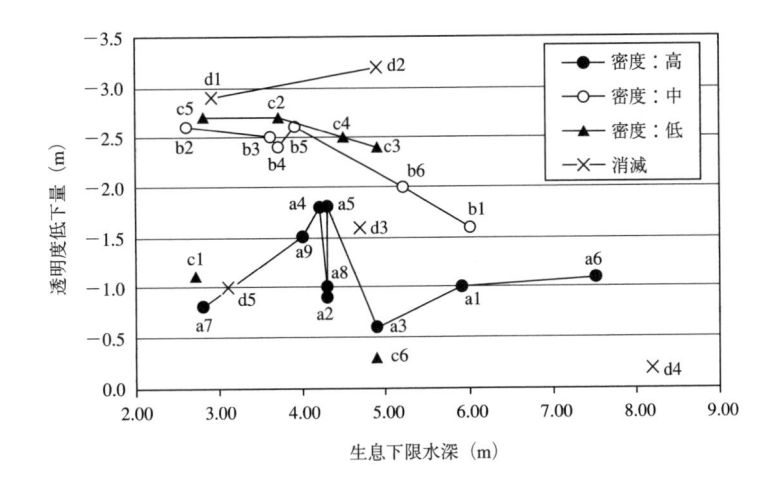

図8.25 透明度とアマモの生息密度およびアマモ場の水深（生息下限水深）の関係．

このように，透明度の低下が大きい海砂採取海域（特に大久野島－高根島間）周辺では生息水深が深く生息密度が低い（あるいは消滅した）藻場や，生息水深が浅いにもかかわらず生息密度の低い藻場が存在しており，生息水深の深浅に関係なく海砂採取の影響を受けたと考えられる．一方，採取海域からある程度離れ透明度の低下がそれほど大きくない（1～2 m程度）場合は，生息水深が藻場の衰退に関与したと推測される．

参考文献

1) 環境庁水質保全局瀬戸内海環境保全室（1998）：瀬戸内海における海砂利採取とその環境への影響（瀬戸内海海砂利採取環境影響評価調査中間とりまとめ），146pp.
2) 高橋　暁・湯浅一郎・村上和男（2002）：沿岸海洋研究，40, 81-90.
3) 高橋　暁・村上和男（2002）：海岸工学論文集，49, 1356-1360.
4) 門谷　茂・張志保子（2000）：瀬戸内海，22, 32-36.
5) 湯浅一郎・高橋　暁・村上和男・星加　章（2003）：第2回海環境と生物および沿岸環境修復技術に関するシンポジウム論文集，77-82.
6) 南西海区水産研究所（1974）：瀬戸内海の藻場，21-23.
7) 瀬戸内海区水産研究所（1979）：沿岸海域藻場調査，1-39.
8) Kineke, G. C. and R. W. Sternberg (1989): *Marine Geology*, 90, 159-174.
9) 堀口文雄（2002）：産業技術総合研究所資料，54pp.

10) 鷲見栄一・田中祐志（1999）：海岸工学論文集，46，991-995．
11) 岩垣雄一（1956）：土木学会論文集，41，1-21．
12) 星加　章（2002）：水産研究叢書，49，12-34．

8.4 海砂とイカナゴ

8.4.1 はじめに

瀬戸内海においては1970年代から大規模な海砂採取が行われ，この砂は埋立地の基礎などに使われてきた．瀬戸内海では海砂資源は海峡部に偏在しており，主な砂場は明石海峡，備讃瀬戸，来島海峡周辺海域である．海砂採取は明石海峡周辺では行われず，その他海峡部では長期間にわたって行われてきた．海砂採取は，海域の濁り，CODの増加をもたらすとともに，漁業資源に大きなダメージを与えた[1]．本節では，瀬戸内海の低次生産と高次生産をむすぶキーとなる多獲性魚であるイカナゴを対象として，海砂採取が瀬戸内海の生態系に与えた影響について報告する．

8.4.2 イカナゴについて

イカナゴは，瀬戸内海の魚種別漁獲量の中で，イワシ類とともに首位をあらそう魚種である．マイワシが豊漁であった1980年代はマイワシが漁獲量のトップであったが，マイワシが急減した後は，イカナゴとカタクチイワシが1，2位を占めるようになった（図8.26）．これらの多獲性魚種は海の生態系の中で，低次生産を中高次生産につなぐ重要な位置を占めている．これより低次の生産は海域の栄養塩濃度・日射量などの環境要因に支配されているのに対し，これより高次では人間活動（漁業）の影響を強く受ける．ちなみに東部瀬戸内海のイカナゴの漁獲率（漁獲尾数／初期資源尾数）は約60％，自然死亡率は約30％，生残率は約10％と推定されている[2]．つまり，漁獲開始時（2月）に海にいるイカナゴの60％を約3ヵ月の間に人間が漁獲しているということであり，人間活動の影響が大きいことがうかがえる．

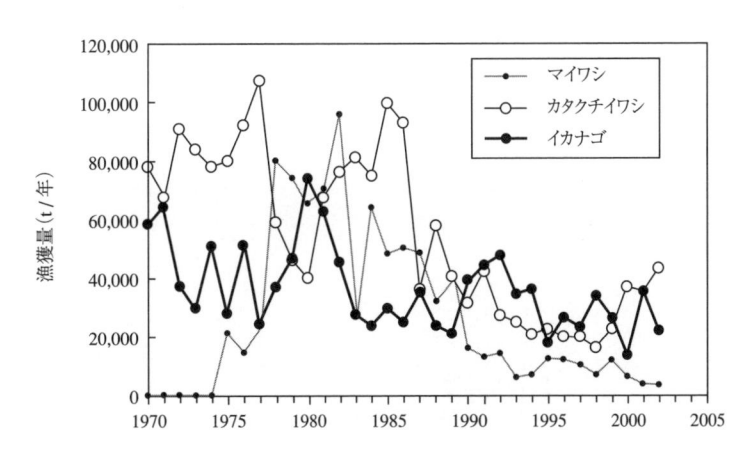

図8.26 瀬戸内海魚種別漁獲量

イカナゴは12月に砂地の海底に産卵する．瀬戸内海では海底が砂地となっている海域は海峡部に限られ，イカナゴの主な産卵場は備讃瀬戸と明石海峡周辺の砂堆（鹿ノ瀬，室津ノ瀬）である．またイカナゴは，夏季に海底の砂の中に潜って夏眠するという生態をもっており，こ

第8章　海砂問題

のとき潜砂する砂については選択性が強く，泥分の少ない淘汰度の高い砂を好む[3]．イカナゴは英語ではSand eel（砂のウナギ）と呼ばれ，砂と密接に関係した魚種である．発生の時期（1月前半）と場所（海峡部の砂堆）がきわめて限定されており，漁期も発生後数ヵ月の稚魚期であり，資源が1年サイクルで更新されるため，資源変動の解析が容易である．

8.4.3　海砂採取

瀬戸内海では1970年代に海砂採取量が増加し，1980年以降，大量の海砂採取が続いてきた（図8.27）[4]．大規模な海砂採取によって，海底の砂の山脈（砂堆）が消滅することも起きている．これら採取された砂は海面埋立地の基礎作りに使われており，海砂採取と埋立は表裏一体の関係にある．広島県三原市の幸崎沖にあった砂堆（能地堆）の水深は1963年以前は10 m近くであり海底にまで光が届いていたが，現在は水深30～40 mとなっており（図8.28[5]，図8.29[4]），能地堆が全くなくなっている．海底の海砂採取の結果は我々の目にはふれないが，直接海の中で長期間にわたって大規模に行われたことであり，瀬戸内海の人為的な環境変化の中で最も大きな変化であろうと筆者は考えている．

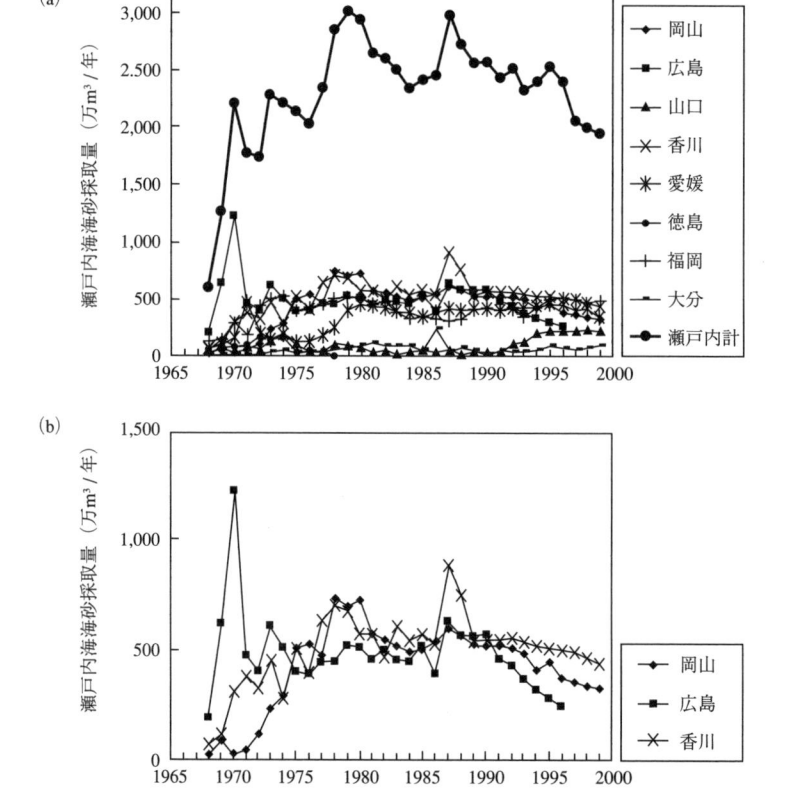

図8.27　(a) 瀬戸内海の海砂採取量（万m³/年）[4]．1987年の海砂採取量のピークは関西空港埋立第1期のもの．(b) 上記のうち広島県・岡山県・香川県のものを拡大して示したもの．

8.4 海砂とイカナゴ

(a) 幸崎 忠海 大久野島 1963年

(b) 1998年

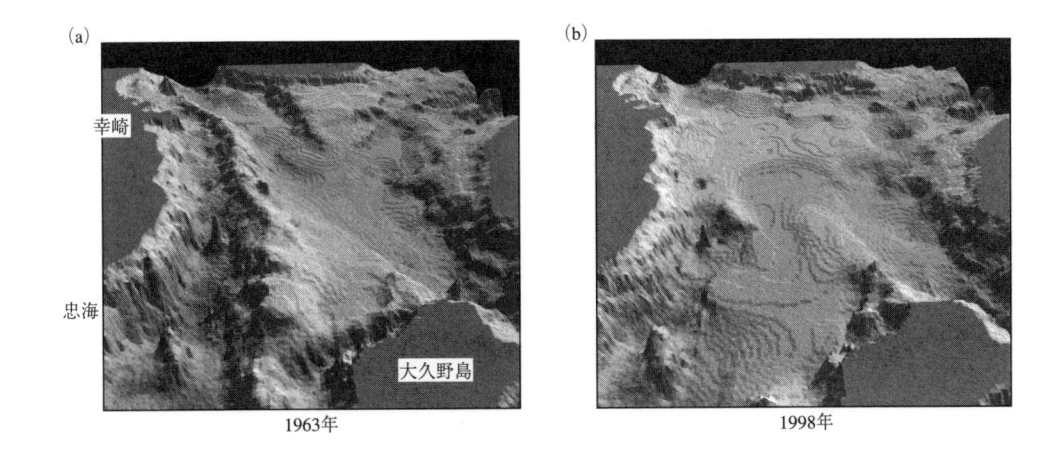

図8.28 広島県大久野島東海域を西方上空から見た海底地形鳥瞰図[5]．(a) 1963年刊行の海図，(b) 1998年刊行の海図による海底地形．

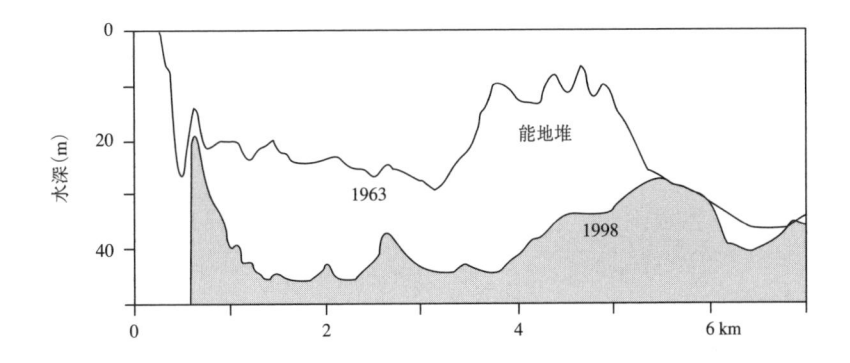

図8.29 能地堆を縦断する海底地形[4]．1963年刊行の海図の地形と，1998年の調査．水深10m近くの能地堆が消えて，水深は30〜40mとなっている．

採取される海砂と，イカナゴが夏眠に好む砂は粒径などの性質が一致している[4]．このため，砂の採取はイカナゴの夏眠場で集中して行われてきた．イカナゴの主な産卵場である備讃瀬戸では海砂採取が行われてきたのに対し，明石海峡周辺砂堆ではイカナゴ資源への影響が懸念され，採取が禁止されてきた[6]．つまり，2つの主産卵場のうち，備讃瀬戸では採取，明石海峡周辺では非採取となっている．

8.4.4 イカナゴ発生尾数の長期変動

イカナゴの発生尾数の経年変化を示す（図8.30）．この図は，プランクトンネットで採取されるイカナゴ稚仔の体長別尾数から発生尾数を推定したものであり，1980年代前半（1981〜1986）平均の備讃瀬戸の発生尾数は1.8兆尾，明石海峡周辺の発生尾数は1.0兆尾と推定されている[7]．

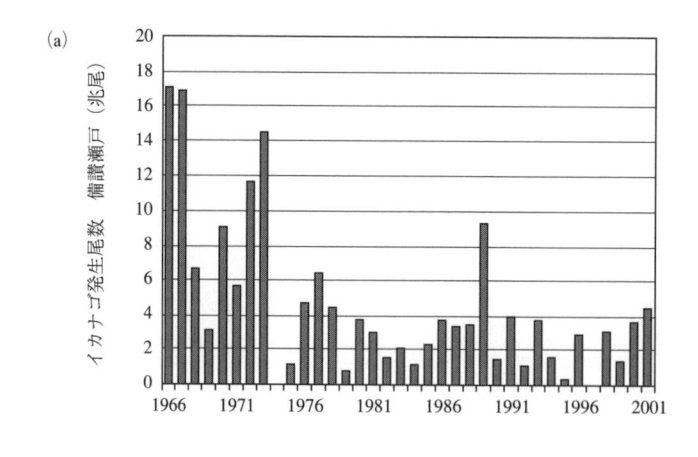

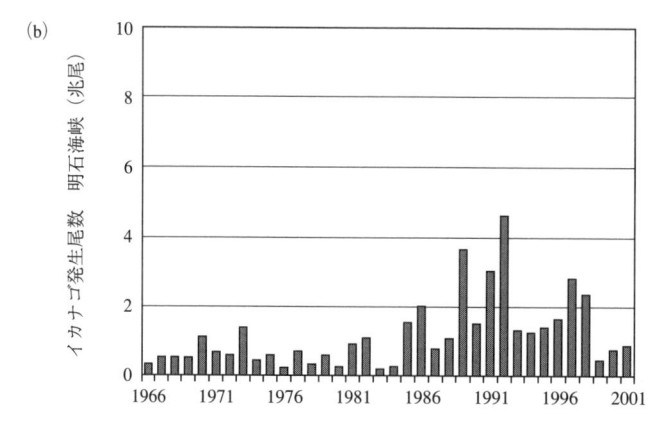

図8.30 イカナゴの発生尾数. (a) 備讃瀬戸周辺生まれ, (b) 明石海峡周辺生まれ.

　備讃瀬戸発生尾数は，1970年以前は平均11兆尾であり，海砂採取の盛んとなった1970年代になると急速に減少し，1980年以降はほぼ2兆尾へと減少している．一方，海砂採取の行われなかった明石海峡発生尾数は1980年代後半に急増している．つまり，海砂採取の行われてきた備讃瀬戸で住み場所を失ったイカナゴが，海砂採取のない明石海峡周辺に"引っ越した"と推定される．ただし，明石海峡発生尾数のグラフの縦軸は，備讃瀬戸のそれの2倍の大きさになっていることに注意が必要である．現在でも明石海峡での発生尾数が2兆尾に達することは稀であり，備讃瀬戸での発生尾数の減少を補う大きさではない．
　イカナゴの漁獲量は備讃瀬戸以西では経年的に低下し，イカナゴを対象とする漁業自体がなくなった．一方，東部瀬戸内海（播磨灘・大阪湾）の漁獲量の減少は比較的小さく，瀬戸内海計ではゆるやかな減少となっている（図8.31）．

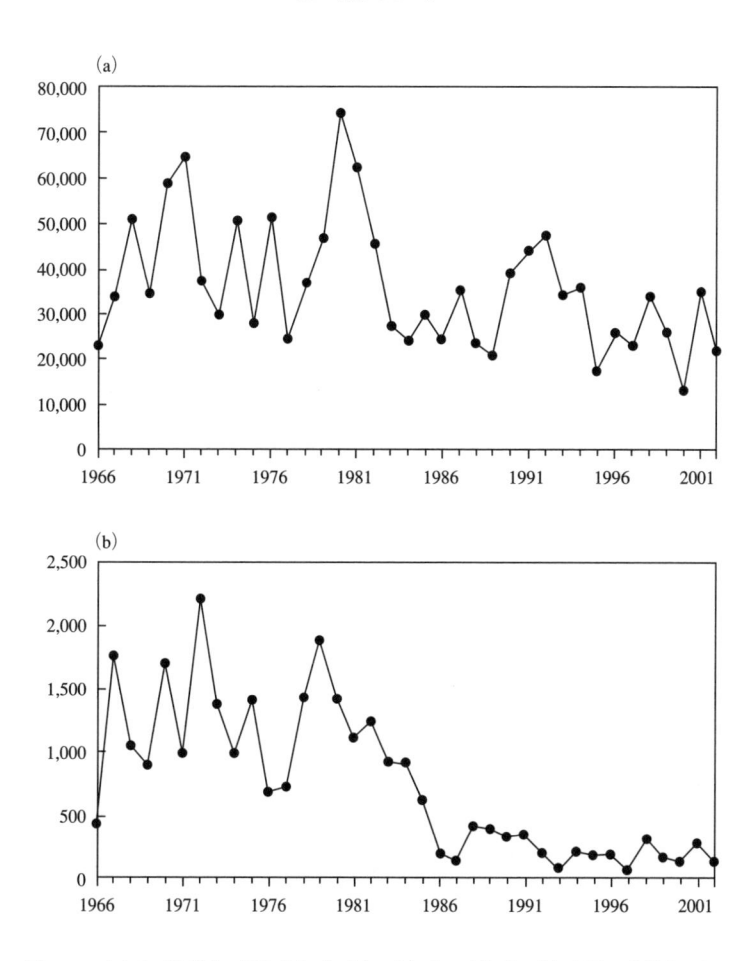

図8.31 イカナゴ漁獲量の経年変化（t/年）．(a) 瀬戸内海計，(b) 燧灘・備後芸予灘．

8.4.5 まとめ

海砂採取が貝類などの底生生物に大きな影響を与えたであろうことは容易に想像される．底生生物ではないが，砂地に産卵し，ここで夏眠するイカナゴにも直接的な影響を与え，備讃瀬戸発生群には壊滅的な影響を与えたであろう．瀬戸内海で最も多く漁獲される魚種であるイカナゴは，低次生産から高次生産にエネルギーを運ぶ重要な位置にある．イカナゴはタイやサワラの餌となるだけでなく，スナメリクジラや海鳥の餌ともなっている．イカナゴの減少は，瀬戸内海全体の生態系にも影響を及ぼしているであろう．

参考文献

1) 藤原建紀（2004）：海洋気象学会誌・海と空，80 (2)，91-97．
2) 日下部敬之・保正竜哉・玉木哲也（2004）：大阪府水産試験場研究報告，15，9-15．
3) 反田　實（1998）：内海漁場—イカナゴと底質．沿岸の環境圏，フジ・テクノシステム．
4) 環境省水環境部閉鎖性海域対策室（2002）：瀬戸内海における海砂利採取とその環境への影響（瀬戸内海

海砂利採取環境影響評価調査最終とりまとめ.
5) 佐藤崇徳・熊原康博 (1999):地理,44 (1),100-105.
6) 神戸新聞明石総局 (1989):明石・さかなの海峡―鹿ノ瀬の素顔.神戸新聞総合出版センター,207pp.
7) Fujiwara, T., Nakata, H., Tanda, M., and Karakawa, J. (1990):*Bull. Japan. Soc. Sci. Fish.*, 56, 1029-1037.

第9章　おわりに

　以上，瀬戸内海の成立から現在まで，瀬戸内海の海底地形がどのように作られ，海砂や海底泥はどのように堆積し，輸送され，底生生物を育んできたのか？

　さらに，底泥はどのようにして重金属を吸着し，栄養物質を溶出させ，貧酸素水塊を発生させて，水質や生物に影響を与えているのか？

　海砂を採取することで海底地形・藻場・生物はどのように変化したのか？　を明らかにしてきた．

　本書で明らかになった主なことがらは以下のようである．

1) 瀬戸内海における灘・湾中央部の海砂は主に海峡部の浸食作用により数千年間供給されてきたものであるから，採取された海砂によって変化した海底地形が，自然状態で元に戻るには数千年以上を要する．

2) 瀬戸内海における灘・湾中央部に堆積する底泥の堆積速度は $0.2\ g/cm^2/$年程度で，多くの重金属を吸着している．堆積速度の大きい海域とU層（瀬戸内海形成以降の堆積層）の厚い海域はよく一致している．このことは，現在も海釜の浸食作用は継続していて，海釜から海砂は供給され続けていること，瀬戸内海における海砂・海底泥の輸送・堆積機構は，ここ数千年間，基本的には変化していないことを示唆している．

3) 海砂や底泥は主に底層の（M_2+M_4）潮流により巻き上げられて，平均的には瀬戸内海両端の紀伊水道と豊後水道から備讃瀬戸に向かって，底層の密度流の流向に輸送されている．これは数値モデルにより計算された（M_2潮流＋M_4潮流＋密度流）による海底せん断力の方向とほぼ一致している．

4) 1980年から2000年にかけて，陸上からの有機物・栄養塩負荷量は減少し，瀬戸内海全域における底泥中の有機物濃度もやや減少した．しかし，含泥率と硫化物濃度はやや上昇した．その原因は明らかではない．

5) 瀬戸内海の底泥からのアンモニアとリン酸の溶出は10月に最も多くなり，6月に最も小さくなる．瀬戸内海全域のDIN溶出量は，河川からのDIN負荷量とほぼ同じ大きさとなる．また周防灘では河川からのリン・窒素負荷量より海底からのリン・窒素溶出量の方が大きい．

6) 瀬戸内海では大阪湾奥・広島湾奥・周防灘西部など決まった海域で，夏季に貧酸素水塊が発生するが，その発生頻度に関しては，周防灘西部を除いて，1980年から2000年にかけ

て大きな変化は見られない．すなわち，沿岸からの有機物・栄養塩負荷量削減による環境改善効果は底質には未だ十分には及んでいない．

7) 海砂採取に伴う濁りの増加が主な原因で喪失した藻場は，海砂採取禁止による濁りの減少により，比較的すみやかに回復することが期待できる．

8) 海砂採取は海砂を住処とするイカナゴに壊滅的な打撃を与え，イカナゴを捕食する上位の生態系や漁業にも影響を与えた．イカナゴの潜る深さは10 cmたらずなので，海砂採取海域でも10 cm程度の覆砂を行えば，イカナゴ資源の保護は可能である．

以上の結果は，瀬戸内海の環境修復・創造のために，

1) 貧酸素水塊の発生を防止するには，大阪湾奥や広島湾奥のような特定の海域では，表層底泥の浚渫や覆砂も考慮する必要がある．

2) 海砂採取により水深が著しく増加した特定の海域で藻場を回復させるには，人工海底を設置して，造成された浅海域に海藻を移植することも有効である．

3) 生物的な観点から，どうしても海砂が必要な海域に関しては，人工的に砂を10 cm程度の厚さにわたって投入することも意味のないことではない．

ことを示唆している．

一方，底質からの栄養塩の溶出問題は，瀬戸内海海域環境の将来予測を行ううえで，最も緊急に明らかにしなければならない問題である．すなわち，栄養塩溶出量を支配する間隙水中の栄養塩濃度がどのようにして決まっているのかが，現在は不明なので，将来の溶出量変化が予測できないからである．

底質からの溶出量は，瀬戸内海で貧酸素水塊が発生するかしないかを，大きく左右するので，有機物・栄養塩負荷量削減に伴う，その将来予測は重要である．

一方で，周防灘のように，陸域からの有機物・栄養塩負荷量減少によって，表層の栄養塩濃度が低下し，植物プランクトン濃度減少が減少することで濁りが減り，底層への光透過量が増加し，付着珪藻の基礎生産量増加を引き起こして，底層溶存酸素濃度が増加するというような効果が現れている海域もあることがわかった．このことは，瀬戸内海の水質を改善し，表層の基礎生産をある程度下げることができたら，有光層内の海底に付着珪藻を蒔くというような，生物を用いた環境改善策（Bio-remediation）も試みる価値はあると考えられる．

本書の知見が，今後の瀬戸内海の底質・水質改善，環境修復・創造に，少しでも役立てれば，幸いである．

我々執筆者一同は，今後さらに研究を進めて，得られた研究成果を行政や一般住民にも還元し，どのような施策・対策が，健全な瀬戸内海の水質・底質環境を生み出していくのかを明らかにしていきたいと考えている．

索　引

〔ア行〕

赤潮　81
明石海峡　121
イカナゴ　92, 121, 128
インベントリー　22
海から来た砂　14
海砂　1, 105
　──採取　121
ウルム最大期　6
栄養塩濃度　84
易分解性　72
SS量　95
X線マイクロアナライザー（EPMA）　100
Fe-P-S反応　62
鉛直拡散係数　99
塩分収支モデル　29
汚濁負荷　50
　──削減対策　59

〔カ行〕

海岸侵食　91
海水交換　59
海底骨材資源　89
海底剪断応力　37
海釜　10, 127
拡散　63
　──境界層　63
河口循環流　87
家畜養頭数　50
カブトガニ　5
環境価値　5
環境基準　106
含泥率　54
γ線スペクトロメトリー　19
間氷期　5
キースピーシーズ　92
基礎生産量　81, 85
基盤等深線図　6
強熱減量（IL）　45
漁業生産　50

空隙率　63
クラスター分析　49
来島海峡　121
下水処理施設　50
懸濁粒子含有量　95
降水量　58
coastal jet　21
高濁度水　95

〔サ行〕

再懸濁量　113
砂堆　91, 122
浅海有光床　67
酸化還元電位　62
酸化層　73
残差流　37
自然負荷量　30
地盤沈下　91
砂利資源　89
重金属元素　26
　──の収支　29
出荷額　50
出水時　21
人口　50
浸食作用　127
森林面積　50
水質　56
吹送距離　14
水平渦動拡散係数　99
水平時　21
水平分布　44
数値モデル　98
ストークスの式　97
Stokesの沈降速度　112
砂資源　89
Smagorinsky diffusivity　112
成層度　81, 86
生息水深　108, 118, 119
生息範囲　108
生息密度　108, 119

生物攪乱　67
瀬戸内海環境情報基本調査　43
瀬戸内海の誕生　9
全窒素（T-N）　45
全有機炭素　46
全硫化物　46
全リン（T-P）　45
双生型海釜　10
総量規制　61
存在量　56

〔タ行〕

堆積域　20
堆積速度　17, 127
堆積負荷量　20
堆積量　53, 113
濁度　96
単生型海釜　10
短波放射量　81
窒素　61
チャンバー　64
中央粒径　35, 38, 41
沖積層　19
潮流　10
沈降速度　96
沈殿量　113
底質　43
　──改善　73
　──環境　28
　──変化　47
底泥輸送　33, 38, 40
底面移動限界摩擦速度　113
底面摩擦速度　113
淘汰度　35, 38, 40
透明度　105
　──深　102
　──の低下量　118

〔ナ行〕

ナウマンゾウ　5
ナメクジウオ　92
難分解性　72
^{210}Pb 年代測定法　18
能地堆　122

濃度勾配法　70

〔ハ行〕

培養法　70
バックグラウンド値　28
発生負荷量　50, 52
備讃瀬戸　121
微小酸素電極　64
氷河時代　5
氷河性海面変動　5
氷期　5
貧酸素水塊　77, 79
ファイト・リメディエーション　67
付着珪藻　84, 128
平均滞留時間　30
平均値の差　47
ベントス　67

〔マ行〕

マクロベントス　48
未拡乱マルチプル・コアー採泥器　65
岬型海釜　10
密度流　37
藻場　105, 128

〔ヤ行〕

山から来た砂　14
有光層　102
U 層　127
溶出　63, 128
　──量　58
溶存酸素濃度　77, 78
溶存酸素飽和度　85

〔ラ・ワ行〕

陸域負荷量　71
粒状物質　17
粒度組成　45
流入河川水質　53
流入負荷削減　31
リン　61
礫化　92
歪度　35, 38, 41

版権所有
検引省略

瀬戸内海の海底環境

2008年3月31日　初版1刷発行

柳　哲雄　編著

発行者　片　岡　一　成
印刷・製本　（株）シナノ

発行所　株式会社　恒星社厚生閣
〒160-0008　東京都新宿区三栄町8
Tel 03-3359-7371　Fax 03-3359-7375
http://www.kouseisha.com/

（定価はカバーに表示）

ISBN978-4-7699-1079-4　C3051